高校转型发展系列教材

水污染控制工程
实践教程

陈志英　王英刚　编著

清华大学出版社
北京

内 容 简 介

本书围绕环境工程专业必修课"水污染控制工程"课程实践部分进行编写,对体现实践环节的实验、课程设计和毕业设计进行了较为详细的阐述。实验部分(包括基础、综合、仿真三部分)主要介绍典型水处理实验项目的目的、原理、步骤、数据处理、结果分析等。课程设计和毕业设计主要介绍工艺流程选择和构筑物设计的原则和方法、污水厂(站)布置原则、项目经济效益分析及制图要求等,并配有相应案例。本书适用于高等院校环境工程专业本科生。

图书在版编目(CIP)数据

水污染控制工程实践教程/陈志英,王英刚编著.—北京:清华大学出版社,2020.11
高校转型发展系列教材
ISBN 978-7-302-54568-2

Ⅰ.①水… Ⅱ.①陈…②王… Ⅲ.①水污染－污染控制－高等学校－教材 Ⅳ.①X520.6

中国版本图书馆 CIP 数据核字(2019)第 290415 号

责任编辑:柳 萍 赵从棉
封面设计:常雪影
责任校对:刘玉霞
责任印制:丛怀宇

出版发行:清华大学出版社
   网 址:http://www.tup.com.cn,http://www.wqbook.com
   地 址:北京清华大学学研大厦 A 座   邮 编:100084
   社 总 机:010-62770175   邮 购:010-62786544
   投稿与读者服务:010-62776969,c-service@tup.tsinghua.edu.cn
   质量反馈:010-62772015,zhiliang@tup.tsinghua.edu.cn
印 装 者:三河市吉祥印务有限公司
经 销:全国新华书店
开 本:185mm×260mm 印 张:11   字 数:265 千字
版 次:2020 年 11 月第 1 版   印 次:2020 年 11 月第 1 次印刷
定 价:38.00 元

产品编号:074588-01

前言
Preface

实践教学环节是大学本科教学重要的教学环节之一。水污染控制工程是环境工程专业的主干课程,其实践教学在该课程的教学活动中占有十分重要的位置。虽然我国许多高校都设有配套的水污染控制工程实践课程,但对各类实践环节进行系统介绍的教材并不多见。

在沈阳大学环境工程专业培养具备科学思维能力和创新意识的工程型人才的目标下,在学校以教材建设深入推动课程内容与课程教学模式改革,提升课程整体水平的"转型发展教材建设专项支持计划"的资助下,编者将多年来的实践教学心得和经验编写成册,供教学参考之用。

本书围绕环境工程专业必修课"水污染控制工程"课程实践部分进行编写,对体现实践环节的实验、课程设计和毕业设计进行了较为详细的阐述。实验部分(包括基础、综合、仿真三部分)主要介绍典型水处理实验项目的目的、原理、步骤、数据处理、结果分析等。课程设计和毕业设计主要介绍工艺流程选择、构筑物设计的原则和方法、污水厂(站)布置原则、项目经济效益分析及制图要求等,并配有相应案例。本书适用于高等院校环境工程专业本科生。

在综合国内已有各类实践教学环节和本校实践教学环节的基础上,编者力求将基础实验、综合实验、仿真实验、课程设计和毕业设计各环节有机结合起来,形成比较全面和系统的实践教学体系。通过这些实践环节的训练,学生将进一步巩固水污染控制工程的理论知识,掌握水处理实验从方案设计、实施到实验数据分析处理的方法,掌握水处理工艺流程选择和设计计算,学会编写设计说明书及绘制构筑物CAD图纸,提高自身的工程实践能力,为毕业后尽快独立承担水污染控制工程相关设计、运行和管理工作打下良好的基础。

本书共分为8章。第1章为绪论,第2章至第6章为实验环节,第7章为水污染控制工程课程设计,第8章为水污染控制工程毕业设计。在编写过程中,借鉴了大量国内污水控制实验、工程设计方法和案例,在此对其作者表示感谢。对于借鉴和引用部分尽量在书中和参考文献中予以标注,未能标注之处望其作者予以理解并联系编者。

由于编者水平有限,书中不妥之处在所难免,敬请读者批评指正。

编　者

2020 年 9 月

目 录
Contents

067 第6章 水污染控制仿真实验

第1章

绪　　论

知识目标：

- 了解中国水体污染现状。
- 掌握常见水质指标。
- 掌握水污染控制的主要技术。
- 熟悉水污染控制工程的实践教学目的和组成。

技能目标：

- 学会使用网络等信息手段查询中国水污染现状。
- 掌握主要水质指标的测定方法。
- 学会使用科学手段调查当地水体污染情况。

1.1　水污染控制工程简介

"水污染控制工程"是用于控制水体污染的工程技术，是环境工程学科中的一个重要分支，其主要任务是研究预防和治理水体污染，保护和改善环境质量，合理利用水资源以及提供不同用途和要求的用水工艺技术和工程措施。主要领域有：水体自净及其利用；城市污水处理与利用；工业废水处理与利用；城市、区域和水系的水污染综合整治；水环境质量标准和废水排放标准等。

本课程旨在培养学生对水体污染的分析评价、水污染治理的规划设计和工程管理能力，以及开展水污染控制的科学研究能力和实践能力。通过学习本课程，学生应达到以下学习目标：

（1）掌握水污染治理的主要技术方法和典型应用案例；

（2）掌握污水处理厂站运行管理方面的知识，了解其选址设计要求；

（3）初步具备单体构筑物的设计能力和设备选型能力；

（4）具备主要水处理构筑物和设备的安装、调试、运营维护和管理能力；

（5）具备对水处理工程项目的实际运行效果进行验收评价的能力；

（6）培养良好的职业素养、实际动手能力、管理能力和分析处理问题的能力。

1.1.1 我国水环境现状

1. 淡水环境

我国的淡水资源总量为 28 000 亿 m³，占全球水资源的 6%，但由于我国人口众多，人均占有水资源量约为 2000m³，个别地区仅有 800~1000m³，为世界平均水平的 1/4，是全球人均水资源最贫乏的国家之一。随着经济的高速发展和城市化进程的加速，生产污水和生活废水排放量不断增加，但相应的污水处理手段、工艺和设施却没有跟进，导致我国水环境污染日益严重。目前，水资源已成为我国社会经济发展的短缺资源，成为制约建设小康社会的瓶颈之一。

1）全国地表水

根据《2018 中国生态环境状况公报》统计，全国地表水监测的 1935 个水质断面（点位）中，Ⅰ～Ⅲ类比例为 71.0%，比 2017 年上升 3.1 个百分点；劣Ⅴ类比例为 6.7%，比 2017 年下降 1.6 个百分点。

2）流域

2018 年，全国大江大河干流水质得到稳步改善。如图 1-1 所示，长江、黄河、珠江、松花江、淮河、海河、辽河七大流域和浙闽片河流、西北诸河、西南诸河监测的 1613 个水质断面中，Ⅰ类占 5.0%，Ⅱ类占 43.0%，Ⅲ类占 26.3%，Ⅳ类占 14.4%，Ⅴ类占 4.5%，劣Ⅴ类占 6.9%。与 2017 年相比，Ⅰ类水质断面比例上升 2.8 个百分点，Ⅱ类上升 6.3 个百分点，Ⅲ类下降 6.6 个百分点，Ⅳ类下降 0.2 个百分点，Ⅴ类下降 0.7 个百分点，劣Ⅴ类下降 1.5 个百分点。

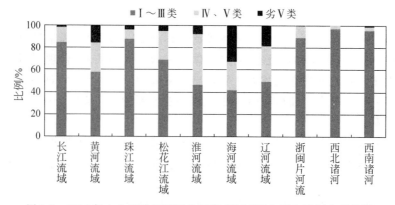

图 1-1　2018 年七大流域和浙闽片河流、西北诸河、西南诸河水质状况

　　总体而言,西北诸河和西南诸河水质为优,长江、珠江流域和浙闽片河流水质良好,黄河、松花江和淮河流域为轻度污染,海河和辽河流域为中度污染。

　　3) 湖泊(水库)

　　2018 年,全国重要湖泊、水库营养状态分别如图 1-2 和图 1-3 所示。监测水质的 111 个重要湖泊(水库)中,Ⅰ类水质的湖泊(水库)7 个,占 6.3%;Ⅱ类 34 个,占 30.6%;Ⅲ类 33 个,占 29.7%;Ⅳ类 19 个,占 17.1%;Ⅴ类 9 个,占 8.1%;劣Ⅴ类 9 个,占 8.1%。主要污染指标为总磷、化学需氧量和高锰酸盐指数。监测营养状态的 107 个湖泊(水库)中,贫营养状态的 10 个,占 9.3%;中营养状态的 66 个,占 61.7%;轻度富营养状态的 25 个,占 23.4%;中度富营养状态的 6 个,占 5.6%。

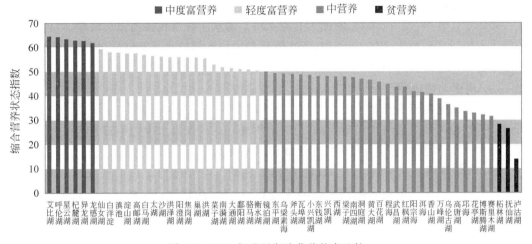

图 1-2　2018 年重要湖泊营养状态比较

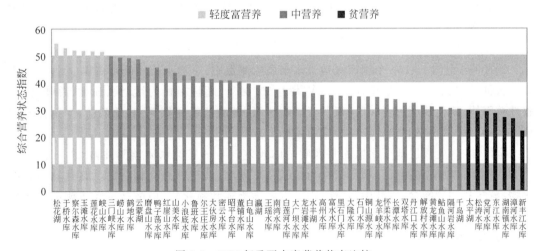

图 1-3　2018 年重要水库营养状态比较

　　4) 省界水体

　　2018 年,全国 544 个重要省界断面中,Ⅰ～Ⅲ类、Ⅳ～Ⅴ类和劣Ⅴ类水质断面比例分别为 69.9%、21.1% 和 9.0%。主要污染指标为总磷、化学需氧量、5 日生化需氧量和氨氮。

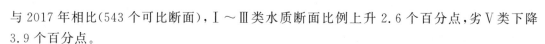

与 2017 年相比(543 个可比断面),Ⅰ～Ⅲ类水质断面比例上升 2.6 个百分点,劣Ⅴ类下降 3.9 个百分点。

　　5) 重点水利工程水体

　　(1) 三峡库区

　　2018 年,三峡库区长江 38 条主要支流 77 个水质断面中,Ⅰ～Ⅲ类占 96.1%,Ⅳ类占 3.9%,无Ⅴ类和劣Ⅴ类。总磷、化学需氧量和氨氮出现超标,断面超标率分别为 2.6%、2.6% 和 1.3%。

　　77 个断面综合营养状态指数范围为 29.5～62.9,富营养状态的断面占监测断面总数的 18.2%,中营养状态的占 76.6%,贫营养状态的占 5.2%。

　　(2) 南水北调(东线)

　　夹江三江营是长江取水口,断面为Ⅱ类水质。输水干线京杭运河里运河段、宿迁运河段 和韩庄运河段水质为优,宝应运河段、不牢河段和梁济运河段水质良好。洪泽湖和骆马湖为 轻度富营养状态,南四湖和东平湖为中营养状态。

　　(3) 南水北调(中线)

　　取水口陶岔断面为Ⅱ类水质。入丹江口水库的 9 条支流中,汉江、丹江、淇河、金钱河、天河、堵河、浪河和老灌河水质为优,官山河水质良好。丹江口水库为中营养状态。

　　6) 全国地级及以上城市集中式生活饮用水水源

　　2018 年,按照监测断面(点位)数量统计,监测的 337 个地级及以上城市的 906 个在用 集中式生活饮用水水源监测断面(点位)中,814 个全年均达标,占 89.8%。其中地表水水 源监测断面(点位)577 个,534 个全年均达标,占 92.5%,主要超标指标为硫酸盐、总磷和 锰;地下水水源监测断面(点位)329 个,280 个全年均达标,占 85.1%,主要超标指标为锰、铁和氨氮。

　　按照水源地数量统计,871 个在用集中式生活饮用水水源地中,达标水源地比例为 90.9%。

　　7) 地下水

　　2018 年,全国 10 168 个国家级地下水水质监测点中,Ⅰ类水质监测点占 1.9%,Ⅱ类占 9.0%,Ⅲ类占 2.9%,Ⅳ类占 70.7%,Ⅴ类占 15.5%。超标指标为锰、铁、浊度、总硬度、溶 解性总固体、碘化物、氯化物、"三氮"(亚硝酸盐氮、硝酸盐氮和氨氮)和硫酸盐,个别监测点 铅、锌、砷、汞、六价铬和镉等重(类)金属超标。

　　全国 2833 处浅层地下水监测井水质总体较差。Ⅰ～Ⅲ类水质监测井占 23.9%,Ⅳ类 占 29.2%,Ⅴ类占 46.9%。超标指标为锰、铁、总硬度、溶解性总固体、氨氮、氟化物、铝、碘 化物、硫酸盐和硝酸盐氮,其中锰、铁、铝等重金属指标和氟化物、硫酸盐等无机阴离子指标 可能受到水文地质化学背景影响。

　　8) 内陆渔业水域

　　2018 年,江河重要渔业水域主要超标指标为总氮。与 2017 年相比,非离子氨和石油类 超标范围有所增加,总磷、高锰酸盐指数、挥发性酚和铜超标范围有所减少,总氮超标范围持 平。湖泊(水库)重要渔业水域主要超标指标为总氮、总磷和高锰酸盐指数。与 2017 年相 比,总氮、总磷和铜超标范围有所增加,高锰酸盐指数、石油类和挥发性酚超标范围有所减 少。41 个国家级水产种质资源保护区(内陆)水体中主要超标指标为总氮。

2. 海洋环境

1）管辖海域

2018 年夏季,一类水质海域面积占管辖海域面积的 96.3%,劣四类水质海域面积占管辖海域面积的 1.1%。

（1）渤海

未达到第一类海水水质标准的海域面积为 21 560km²,比 2017 年同期增加 2820km²;劣四类水质海域面积为 3330km²,比 2017 年同期减少 380km²。

（2）黄海

未达到第一类海水水质标准的海域面积为 26 090km²,比 2017 年同期减少 2130km²;劣四类水质海域面积为 1980km²,比 2017 年同期增加 740km²。

（3）东海

未达到第一类海水水质标准的海域面积为 44 360km²,比 2017 年同期减少 16 120km²;劣四类水质海域面积为 22 110km²,比 2017 年同期减少 100km²。

（4）南海

未达到第一类海水水质标准的海域面积为 17 780km²,比 2017 年同期减少 5110km²;劣四类水质海域面积为 5850km²,比 2017 年同期减少 710km²。

2）近岸海域

2018 年,全国近岸海域水质总体稳中向好,水质级别为一般,主要污染指标为无机氮和活性磷酸盐。监测的 417 个点位中,优良（一类、二类）海水比例为 74.6%,三类为 6.7%,四类为 3.1%,劣四类为 15.6%。与 2017 年相比,优良海水比例上升 6.7 个百分点,三类下降 3.4 个百分点,四类下降 3.4 个百分点,劣四类持平。2018 年四大海区近岸海域水质状况如表 1-1 所示。

表 1-1　2018 年四大海区近岸海域水质状况年际比较

海区	比例/%					与 2017 年相比的变化/%				
	一类	二类	三类	四类	劣四类	一类	二类	三类	四类	劣四类
渤海	50.6	25.9	9.9	2.5	11.1	30.8	−22.2	−4.9	−4.9	1.2
黄海	38.5	53.8	4.4	1.1	2.2	1.1	8.7	−5.5	−4.4	0.0
东海	21.2	31.0	10.6	4.4	32.7	5.3	0.0	−1.8	−5.3	1.7
南海	69.7	10.6	3.0	3.8	12.9	12.1	−7.6	−2.3	0.0	−2.3

渤海近岸海域水质一般,主要污染指标为无机氮;黄海近岸海域水质良好,主要污染指标为无机氮;东海近岸海域水质差,主要污染指标为无机氮和活性磷酸盐;南海近岸海域水质良好,主要污染指标为无机氮和活性磷酸盐。

沿海省份中,海南、河北和广西近岸海域水质优,山东、辽宁和福建近岸海域水质良好,江苏和广东近岸海域水质一般,天津近岸海域水质差,浙江和上海近岸海域水质极差。

9 个重要河口海湾中,北部湾近岸海域水质优,胶州湾近岸海域水质良好,辽东湾、渤海湾和闽江口近岸海域水质差,黄河口、长江口、杭州湾和珠江口近岸海域水质极差。与 2017

年相比,北部湾水质好转,黄河口和辽东湾水质变差,其他重要河口海湾水质基本保持稳定。

监测的 194 个入海河流水质断面中,无 I 类,II 类占 20.6%,III 类占 25.3%,IV 类占 26.8%,V 类占 12.4%,劣 V 类占 14.9%。主要污染指标为化学需氧量、高锰酸盐指数和总磷。

对 453 个日排污水量大于 100m³ 的直排海污染源监测结果显示,污水排放总量约 866 424 万 t,化学需氧量 147 625t,石油类 457.6t,氨氮 6217t,总氮 50 873t,总磷 1280t,部分直排海污染源排放汞、六价铬、铅和镉等污染物。

3) 海洋渔业水域

2018 年,海洋重要鱼、虾、贝类的产卵场、索饵场、洄游通道及水生生物自然保护区水体中主要超标指标为无机氮。与 2017 年相比,无机氮、活性磷酸盐、石油类和化学需氧量超标范围有所减少。海水重点增养殖区水体中主要超标指标为无机氮和活性磷酸盐。与 2017 年相比,无机氮和化学需氧量超标范围有所减少,活性磷酸盐和石油类超标范围有所增加。8 个国家级水产种质资源保护区(海洋)水体中主要超标指标为无机氮。33 个海洋重要渔业水域沉积物状况良好。

3. 废水及主要污染物排放

随着我国经济的快速发展和人口不断增加,对水资源需求量越来越大,污(废)水的排放量也逐年增加。表 1-2 所示为 2011 年至 2015 年全国废水及其主要污染物排放情况统计。其中,2015 年全国废水排放量 735.3 亿 t,比 2014 年增加 2.7%;工业废水排放量 199.5 亿 t,比 2014 年减少 2.8%;城镇生活污水排放量 535.2 亿 t,比 2014 年增加 4.9%;集中式污染治理设施废水(不含城镇污水处理厂,下同)排放量 0.6 亿 t。

表 1-2　全国废水及其主要污染物排放情况

年份	排放源排放量	合计	工业源	农业源	城镇生活源	集中式
2011	废水/亿 t	659.2	230.9	—	427.9	0.4
	化学需氧量/万 t	2499.9	354.8	1186.1	938.8	20.1
	氨氮/万 t	260.4	28.1	82.7	147.7	2.0
2012	废水/亿 t	684.8	221.6	—	462.7	0.5
	化学需氧量/万 t	2423.7	338.5	1153.8	912.8	18.7
	氨氮/万 t	253.6	26.4	80.6	144.6	1.9
2013	废水/亿 t	695.4	209.8	—	485.1	0.5
	化学需氧量/万 t	2352.7	319.5	1125.8	889.8	17.7
	氨氮/万 t	245.7	24.6	77.9	141.4	1.8
2014	废水/亿 t	716.2	205.3	—	510.3	0.6
	化学需氧量/万 t	2294.6	311.3	1102.4	864.4	16.5
	氨氮/万 t	238.5	23.2	75.5	138.1	1.7
2015	废水/亿 t	735.3	199.5	—	535.2	0.6
	化学需氧量/万 t	2223.5	293.5	1068.6	846.9	14.5
	氨氮/万 t	229.9	21.7	72.6	134.1	1.5

注:此数据来源于《2015 环境统计年鉴》。①集中式污染治理设施排放量是指生活垃圾处理厂(场)和危险废物(医疗废物)集中处理(置)厂(场)垃圾渗滤液/废水及其污染物的排放量;②表中"—"表示无此项指标或不宜计算。

　　除污水产生量和污染物数量增长外,时常爆发的水污染事件及由水体恶化引发的癌症案例增多都让人深感切肤之痛。水污染正从东部向西部发展,从支流向干流延伸,从城市向农村蔓延,从地表向地下渗透,从区域向流域扩散,我国水污染态势不容乐观。

1.1.2　水污染的危害

1. 水体污染对人体健康的危害

　　水是人体主要的组成部分,人体的一切生理活动,如输送营养、调节温度、排泄废物等都要靠水来完成。人喝了被污染的水或吃了被水体污染的食物,就会给健康带来危害。几种主要水体污染物对人体健康的危害见表1-3。

表1-3　几种水体污染物对人体健康的危害

污染物名称	对人体危害	大事件
汞	口齿不清、视野缩小、听觉失灵、神经错乱、疯狂、颤动、痉挛。孕妇中毒,婴儿痴呆	日本水俣病事件(1953—1956年)
镉	肾、骨骼病变,身体缩小、骨骼严重畸形,全身疼痛。摄入硫酸镉20mg,就会造成死亡	日本骨痛病事件(1955—1972年)
铅	造成中毒,引起贫血,神经错乱	
六价铬	有很大毒性,会引起皮肤溃疡,还有致癌作用	
砷	会发生急性或慢性中毒。砷使许多酶受到抑制或失去活性,造成机体代谢障碍,皮肤角质化,引发皮肤癌	
有机磷农药	神经中毒	
有机氯农药	会在脂肪中蓄积,对人和动物的内分泌、免疫功能、生殖机能均造成危害	
氰化物	剧毒物质,进入血液后,与细胞的色素氧化酶结合,使呼吸中断,造成呼吸衰竭,使人窒息死亡	
多环芳烃	多数具有致癌作用	
寄生虫、病毒或其他致病菌	细菌性肠道传染病,如伤寒、霍乱、痢疾等,也会引起某些寄生虫病等	1832—1886年英国泰晤士河因水质被病菌污染,使伦敦流行过4次大霍乱

　　据世界卫生组织统计,世界上许多国家正面临水污染和资源危机,每年有300万～400万人死于和水污染有关的疾病。在发展中国家,各类疾病有80%是因为饮用了不卫生的水而引起的。初步调查表明,我国农村有3亿多人饮水不安全,其中约有6300多万人饮用高氟水,200万人饮用高砷水,3800多万人饮用苦咸水,1.9亿人饮用水中有害物质含量超标,血吸虫病地区有1100多万人饮水不安全。

　　人畜粪便等生物性污染物管理不当也会污染水体,严重时会引起细菌性肠道传染病,如伤寒、霍乱、痢疾等,也会引起某些寄生虫病等。19世纪欧洲一些城市由于饮水不清洁,时常发生霍乱。例如,1882年德国汉堡市因饮水不洁,导致霍乱流行,死亡7500多人。水体中还含有可致癌的物质,如农民常常施用如苯胺、苯并芘和其他多环芳烃类的除草剂或除虫剂,它们都会通过多种途径进入水体。这类污染物可以在悬浮物、底泥和水生生物体内积累。若人类长期饮用这样的水,就可能诱发癌症。据统计,水污染引发的癌症死亡率在 20 世纪 90 年代比 30 年前高出 1.45 倍。

2. 水污染对工农渔业生产的影响

水质受到污染会影响工业产品的产量和质量,造成严重的经济损失。水质污染同时会使工业用水的处理费用增加。

使用被污染的天然水体或直接使用污水来灌溉农田,会破坏土壤,影响农作物的生长,造成减产,严重时则颗粒无收。当土壤被污水污染后,会在长时间内失去土壤的功能作用,造成土地资源严重浪费。据统计,我国由于水污染已造成 160 多万公顷农田粮食减产,减产粮食达 25 亿～50 亿 kg。

水也是水生生物生存的介质。当水体受到污染后,就会危及水生生物的生长和繁衍,并造成渔业大幅减产。如黄河的兰州段原有 18 个鱼种,其中 8 个鱼种现已绝迹。该河段自 1987 年以来连续 3 次发生死鱼事故,造成直接经济损失达 1000 多万元。水体污染也会使鱼的质量下降,据统计,我国每年因鱼的质量问题造成的经济损失多达 300 亿元。

1.1.3 污水性质及评价指标

1. 污水的来源与性质

污水,通常指受到一定污染的、来自生活和生产的废弃水。污水包括生活污水、工业废水、城市污水(被污染的降水及各种排入管渠的其他污染水)。

1) 生活污水

生活污水,是指居民在日常生活中排出的废水。生活污水的成分取决于居民的生活状况及生活习惯。我国地域广阔,即使在生活状况相似的地区,其污水中杂质的成分和浓度也不尽相同。

2) 工业废水

工业废水,是指在生产过程中排出的废水。其成分主要取决于生产工艺过程和使用的原料,其中也包括高温(水温超过 60℃)而形成热污染的工业废水。不同的工业生产产生不同性质的废水;同类工业采用不同的生产工艺过程,产生的废水也不相同。

工业废水性质各异,多半具有危害性,未经处理不允许排放。但冷却水和在生产过程中只起辅助作用的水,其未被污染物污染仅温度有所上升或是污染很轻,可进行冷却或简单的处理后重复使用。这种较清洁不经处理即可排放的废水称为生产废水;污染较严重,必须经处理后方可排放的工业废水称为生产污水。工业废水是生产污水和生产废水的总称。

3) 城市污水

城市污水是排入城镇排水系统污水的总称,是生活污水和工业废水的混合液。我国多数城市污水均属此类。在合流制排水系统中,城市污水还包括降水。城市污水中各类污水所占的比例,因城市的排水体制不同而异。城市污水的水质指标、污染物组成、形态及含量也因城市不同而异。

2. 污水的污染指标

1) 污水的物理性质及指标

(1) 水温

生活污水的年平均温度相差不大,一般在 $10\sim20℃$ 之间,但许多工业排出的废水温度较高。水温升高会影响水生生物的生存,减少水中溶解氧的含量,加速污水中好氧微生物的耗氧速度,导致水体处于缺氧和无氧状态,使水质恶化。城市污水的水温与城市排水管网的体制及生产污水所占的比例有关。一般来讲,污水生物处理的温度范围在 $5\sim40℃$。

(2) 色度

生活废水的颜色一般呈灰色。工业废水则因工矿企业的不同,色度差异较大,如印染、造纸等生产污水色度很高。

(3) 嗅和味

嗅和味是一项感官性状指标。天然水是无色无味的。水体受到污染后产生气味,影响了水环境。生活污水的臭味主要由有机物腐败产生的气体造成,主要来源于还原性硫和氮的化合物;工业废水的臭味主要由挥发性化合物造成。

(4) 固体含量

水中所有残渣的总和为总固体(TS),其测定方法是将一定量水样在$105\sim110℃$烘箱中烘干至恒重,所得含量即为总固体量。总固体量主要由有机物、无机物及生物体三种组成,也可按其存在形态分为悬浮物、胶体和溶解物。总固体包括溶解物质(DS)和悬浮固体物质(SS)。悬浮固体由有机物和无机物组成,根据其挥发性能,又可分为挥发性悬浮固体(VSS)和非挥发性悬浮固体(NVSS)两种。挥发性悬浮固体又称灼烧减重,主要是污水中的有机质;非挥发性悬浮固体又称灰分,为无机质。生活污水中挥发性悬浮固体约占 70%。

溶解性固体的浓度与成分对污水处理效果有直接影响,悬浮固体含量较高会使管道系统产生淤积和堵塞现象,也可使污水泵站的设备损坏。如果不处理直接排入受纳水体,会造成水生动物窒息,破坏生态。

2) 污水的化学性质及指标

(1) 无机物指标

无机物指标主要包括氮、磷、无机盐类、重金属离子及酸碱度等。

① 氮、磷

污水中的氮、磷为植物的营养物质,对高等植物的生长必不可少。但过多的氮、磷进入天然水体,会使藻类大量生长和繁殖,造成水体富营养化。

② 无机盐

污水中的无机盐类,主要指硫酸盐、氯化物和氰化物等。硫酸盐来自人类排泄物及一些工矿企业废水,如洗矿、化工、制药、造纸等工业废水。污水中的硫酸盐用 SO_4^{2-} 表示,它可以在缺氧状态下,被硫酸盐还原菌和反硫化菌还原成 H_2S。硫化物主要来自人类排泄物。某些工业废水中含有浓度较高的氯化物,它对管道及设备有腐蚀作用。污水中的氰化物主

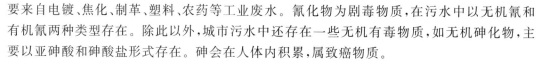

要来自电镀、焦化、制革、塑料、农药等工业废水。氰化物为剧毒物质,在污水中以无机氰和有机氰两种类型存在。除此以外,城市污水中还存在一些无机有毒物质,如无机砷化物,主要以亚砷酸和砷酸盐形式存在。砷会在人体内积累,属致癌物质。

③ 重金属离子

污水中的重金属离子主要有汞、镉、铅、铬、锌、铜、镍、锡等离子。重金属离子以离子状态存在时毒性最大,这些离子不能被生物降解,通常可以通过食物链在动物或人体内富集,产生中毒现象。上述金属离子在低浓度时有益于微生物的生长,有些离子对人类也有益,但其浓度超过一定值后就会有毒害作用。需要说明的是,有些重金属具有放射性,在其原子裂变的过程中会释放一些对人体有害的射线,主要有 α 射线、β 射线、γ 射线及质子束等。产生这些放射物质的金属主要是镧系和锕系元素,这些物质在生活污水中很少见,在某些工业废水如采矿业及核工业废水中会出现。放射性物质能诱发白血病等疾病。

④ 酸碱度

酸碱污染物主要由排入城市管网的工业废水造成。水中的酸碱度通过 pH 值反映。酸性废水的危害在于有较大的腐蚀性;碱性废水则易产生泡沫,使土壤盐碱化。一般情况下城市污水的酸碱性变化不大,微生物生长要求酸碱度为中性偏碱为最佳,pH 值超出 6～9 的范围会对人畜造成危害。

(2) 有机物指标

城市污水中含有大量的有机物,主要为碳水化合物、蛋白质、脂肪等物质。由于有机物种类极其复杂,因此难以逐一定量。但上述有机物都有被氧化的共性,即在氧化分解中需要消耗大量的氧,所以可以用氧化过程消耗的氧量作为有机物的指标。在实际工作中经常采用生物化学需氧量(bio-chemical oxygen demand,BOD)、化学需氧量(chemical oxygen demand,COD)、总有机碳(total organic carbon,TOC)、总需氧量(total oxygen demand,TOD)等指标来反映污水中有机物的含量。

① 生物化学需氧量(BOD)

在一定条件下(水温20℃),好氧微生物将有机物氧化成无机物(主要是水、二氧化碳和氨)所消耗的溶解氧量称为生物化学需氧量,单位为 mg/L。

污水中的有机物分解一般分为两个阶段进行。在第一阶段,主要是将有机物氧化分解为无机的水、二氧化碳和氨,称碳氧化阶段;在第二阶段,氨被转化为亚硝酸盐和硝酸盐,称硝化阶段。生活污水中的有机物一般需要 20 天左右才能完成第一阶段,完成两个阶段的氧化分解需要 100 天以上。在实际工作中常用 5 日生化需氧量(BOD_5)作为可生物降解有机物的综合浓度指标。5 日生化需氧量在一般情况下占总生化需氧量(BOD_u)的 70%～80%,即测得 BOD_5 后,基本能折算出 BOD_u。

② 化学需氧量(COD)

污水中的有机物按被微生物降解的难易程度可分为两类:可生物降解有机物和难以被生物降解有机物。这两类有机物都能被氧化成无机物,但氧化的方法完全不同。易于被微生物降解的有机物,在有氧、温度一定的条件下,可以用 BOD 测定出其含量,而难以被微生物降解的有机物不能直接用生物化学需氧量表示出来,所以 BOD 不能准确反映污水中有机污染物质的含量。

化学需氧量是用化学氧化剂将水中有机污染物氧化成 CO_2 和 H_2O 时消耗的氧化剂量,单位为 mg/L。常用的氧化剂有两种,即重铬酸钾和高锰酸钾,其中重铬酸钾的氧化性略高于高锰酸钾。用重铬酸钾作氧化剂时测得的值为 COD_{Cr};用高锰酸钾作氧化剂测得的值为 COD_{Mn}。

化学需氧量能反映出易于被微生物降解的有机物,同时又可反映出难以被微生物降解的有机物,能较精确地表示污水中有机物的含量。

对于同一种水样,如果同时测定 BOD_u 和 COD 两个数值会有较大的差别:COD 数值大于 BOD_u 数值,两者的差值大致等于难以被生物降解的有机物量。差值越大,表明污水中难以被生物降解的有机物量越多,越不宜采用生物处理方法。所以,BOD_5/COD 的值,是可以用来判别污水是否可以生化处理的标志。一般认为比值大于 0.3 的污水,基本能采用生物处理方法。据统计,城市污水 BOD_5/COD 的值一般在 0.4~0.65 之间。

COD 值的测定用时较短,一般几个小时即可,较测得 BOD 方便。但只测得 COD 值只能反映总有机物的含量,并不能判别易于被生物降解的有机物和难以被生物降解的有机物所占的比例,所以,在工程实际中要同时测试 BOD_5 与 COD 两项指标。

③ 总有机碳(TOC)

总有机碳是指水体中溶解性和悬浮性有机物含碳的总量。水中有机物的种类很多,目前还不能全部进行分离鉴定。TOC 是一个快速检定的综合指标,它以碳的数量表示水中含有机物的总量,其单位为 mg/L。

TOC 的测定原理为:将一定数量的水样经过酸化后注入含氧量已知的氧气流中,再通过铂作为触媒的燃烧管,在 900℃高温下燃烧,把有机物所含的碳氧化成二氧化碳,用红外线气体分析仪记录 CO_2 的数量,折算成含碳量即为总有机碳。在进入燃烧管之前,需用压缩空气吹脱经酸化水样中的无机碳酸盐,排除测试干扰。

④ 总需氧量(TOD)

有机物的主要组成元素为碳、氢、氧、氮、硫等。将其氧化后,分别产生 CO_2、H_2O、NO_2 和 SO_2 等物质,所消耗的氧量称为总需氧量,单位为 mg/L。

TOD 和 TOC 测定原理基本相同,都是通过燃烧化学反应,但有机物数量的表示方法不同,TOC 用含碳量表示,TOD 用消耗的氧量表示。对于水质条件较稳定的污水,测得的有机物指标数值有下列排序:$TOD>COD_{Cr}>BOD_u>BOD_5>TOC$。

3) 污水的生物性质及其指标

污水中生物污染物是指污水中能使人致病的微生物,以细菌和病毒为主。其主要来自生活污水、制革污水、医院污水等含有病原菌、寄生虫卵及病毒的污水。污水中绝大多数的微生物是无害的,但有一部分能引起疾病,如引起肝炎、伤寒、霍乱、痢疾、脑炎、脊髓灰质炎、麻疹等。

污水生物性质检测指标主要有大肠菌群数和细菌总数。大肠菌群数是指每升水样中含有的大肠菌群数目,单位为个/L;细菌总数是指单位体积水中的细菌总量,单位为 CFU/mL,它用于反映水体受细菌污染的程度。

1.1.4 水污染控制的基本方法

1. 水污染控制的基本原则

水污染控制的基本原则为"预防""治理""管理"三者结合,即坚持预防为主、防治结合、综合治理的原则,优先保护饮用水源,严格控制工业污染、城镇生活污染,防治农业面源污染,积极推进生态治理工程建设,预防、控制和减少水环境污染和生态破坏。

2. 水污染控制的主要技术

简单来说,水污染控制工程的目的是使用工程手段、建造工程设备和装置来对水质进行净化处理,降低水中污染物或杂质的含量,以满足人们既定的使用要求和减少污水对环境的污染及危害。

1) 按对污染物处理方法分类

(1) 分离处理:通过各种外力的作用,使污染物从废水中分离出来。一般来说,在分离过程中并不改变污染物的化学本质。

(2) 转化处理:通过化学的或生物化学的作用,改变污染物的化学本质,使其转化为无害的物质或可分离的物质,后者再经分离予以除去。

(3) 稀释处理:通过稀释混合,降低污染物的浓度,达到无害的目的。

2) 按污水处理的原理分类

污染处理技术按照原理可分为物理处理、化学处理、物理化学处理、生物处理四大类,常见的主要设备和处理对象见表1-4。

表 1-4 常见的污水处理方法及其处理设备和处理对象

方 法 名 称		主 要 设 备	主 要 处 理 对 象
物理处理法	沉淀法	沉淀池	悬浮物
	隔油法	隔油池	油类
	过滤法	滤池、滤筛、超滤器	悬浮物、胶状物、油脂类、染料等
	浮选法(气浮法)	浮选池(罐)、溶气罐	油、悬浮物等
	离心法	离心机、溶液分离器	悬浮物
	蒸发结晶法	蒸发结晶器	溶解物
化学处理法	中和法	中和池、沉淀池	溶解物
	混凝沉淀法	混凝池、沉淀池	悬浮物、胶状物等
	氧化还原法	反应罐、沉淀池等	溶解物
	电解法	电解槽	溶解物
物理化学处理法	吸附法	吸附柱(罐)	溶解物
	离子交换法	离子交换柱(罐)	溶解物
	电渗析法	渗析槽(器)	溶解物
	反渗透法	渗析器	溶解物
	萃取法	萃取器、分离器	溶解物

方 法 名 称		主 要 设 备	主要处理对象
生物处理法	生物膜法	生物滤池、转盘	有机物、硫、氰等
	活性污泥法	曝气池和沉淀池	有机物、硫、氰等
	厌氧处理法	消化池	有机物
	氧化塘法	氧化塘	有机物等

3）按污水处理的程度分类

一般而言,城市生活污水的水质比较均一,对其已形成了一套行之有效的典型处理流程。根据处理任务的不同,可将废水处理系统归纳为一级处理、二级处理、三级处理和深度处理。

一级处理：主要去除污水中呈悬浮状态的固体污染物质。

二级处理：主要去除污水中呈胶体和溶解状态的有机污染物质。

三级处理：在一级、二级处理后进一步处理难降解的有机物、磷和氮等能够导致水体富营养化的可溶性无机物等。

深度处理：在一级、二级处理后增加的处理工艺,多以污水回收、再用为目的。如图 1-4 所示为一种城市污水深度处理的典型工艺流程。

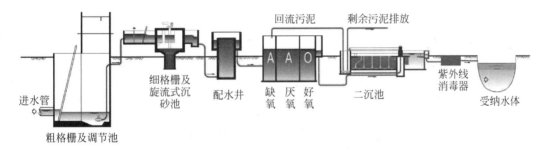

图 1-4 城市污水深度处理的典型工艺流程

1.2 水污染控制工程实践教学简介

1.2.1 水污染控制工程实践教学的目的和意义

水污染控制工程课程是实践性很强的课程,理论教学与实践教学组成完整的课程体系。理论教学是实践教学的基础,而实践教学又是理论教学的应用和目标。因此,在教学中各环节应相互协调、有机结合,避免出现脱节和重复。应培养学生以不同的思维视角观察问题与解决问题的能力,在坚实的基础知识积淀基础上,培养学生的实践操作能力,增强学生运用专业知识解决实际问题的能力,使学生在工程设计和创新能力方面都得到较系统的训练和全方位的提高。

1.2.2 水污染控制工程实践教学的组成

课程体系中的实践环节主要包括实验、实习、课程设计和毕业论文(设计)等环节。

1. 实验

教学实验是所有实践环节的基础,包括演示性实验、验证性实验、综合性实验和设计性实验,实验题目涵盖污水的物理处理、化学处理、物理化学处理、生物处理等多种水处理方法和工艺。要通过教学实验加深学生对基本概念和基本原理的理解,使其学会常用仪器设备的使用方法,培养学生实际动手和解决实际问题的能力,并使其掌握水污染控制的基本方法,学会对实验数据进行收集、分析和归纳。

2. 实习

实习包括认识实习、生产实习以及毕业实习。通过参观真实工作环境和从事实际工作,学生可以获得水处理的实用知识和技能,提高分析问题和解决实际问题的能力,又可以提高其独立工作能力和职业心理品质。通过在实践教学基地的实训,学生可以掌握水处理必备的应用性技术和技能。实习可以为学生提供就业前体验实际工作的机会,培养学生将所学知识和技能运用于生产、服务一线的能力,以及适应现场工作环境的能力。

3. 课程设计

课程设计包括水处理工艺流程选择、处理构筑物设计、工艺流程图绘制等内容,内容更具体、更深入、更详细,是对专业知识的进一步理解和巩固。通过课程设计可以加深学生对有关废水处理理论的理解,使学生掌握文献和设计资料的使用方法,掌握水处理工艺选择、工艺计算的方法,掌握平面布置图、高程图及主要构筑物的绘制方法,掌握有关工程设计文件的编写方法,并使之具备一定的工程制图和设计能力。

4. 毕业论文(设计)

作为本科生在校学习的最后环节,毕业论文(设计)不但可检查学生综合应用所学知识的能力,而且可使其为未来从事工程技术活动打下坚实的基础。毕业论文(设计)中要求学生应随时查阅和复习以往所学知识,掌握相关的知识点及交叉点,能结合社会实践综合运用所学的知识理论和技能。论文(设计)的题目和形式应多样,以便使学生接触到更多、更新的专业前沿知识,了解专业的最新动态。在毕业论文(设计)阶段,可以在专业任选课和创新实验的基础上,将学生的毕业论文(设计)与教师科研和企业实际项目相结合,可以续承任意选修课、创新实验及实习阶段的课题,培养学生由"合作完成"到"独立完成"的能力。

第 2 章

实 验 简 介

知识目标：

- 了解实验的目的。
- 熟悉实验基本要求。
- 熟悉实验室规章制度和急救措施。
- 掌握实验报告撰写内容和标准。

技能目标：

- 有处理实验室紧急情况的能力。
- 熟悉实验流程。
- 会撰写实验报告。

2.1 实验目的和基本要求

2.1.1 实验目的及任务

科学实验是根据一定的研究目的，通过积极的构思，利用科学仪器设备等物质手段，人为地控制和模拟自然现象，使自然过程或生产过程以比较纯粹的或典型的形式表现出来，从而在有利条件下探索自然。

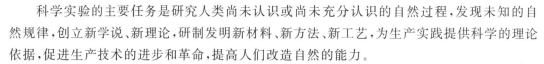

科学实验的主要任务是研究人类尚未认识或尚未充分认识的自然过程，发现未知的自然规律，创立新学说、新理论，研制发明新材料、新方法、新工艺，为生产实践提供科学的理论依据，促进生产技术的进步和革命，提高人们改造自然的能力。

水污染控制工程实验课是"水污染控制工程"这门课程的重要组成部分，其目的和任务如下：

（1）通过实验操作、实验现象的观察和实验结果的分析，加深学生对水污染控制工程的基本概念和基本原理的理解与掌握，巩固课堂教学中学到的理论知识。

（2）通过实验中常用实验仪器和设备的使用，培养学生实际动手能力和解决实际问题的能力。

（3）掌握实验的基本方法，实验数据收集、分析、归纳的方法。通过实验方案设计，提高学生的实验能力、科学素养和创新能力。

（4）培养学生实事求是的工作作风，一丝不苟、严肃认真的工作态度，积极主动的探索精神，遵守纪律、团结协作、爱护公共财物的优良品德。

2.1.2　实验的基本要求

实验的基本要求如下：

（1）实验前要进行充分的准备，必须根据实验指导书及有关资料对所做实验进行认真的预习，明确实验的目的、原理、实验步骤，所需设备、药品及安全规程等。对于设计型实验，还要预先设计好实验方案。

（2）实验过程中小组成员要明确分工，既做到责任明确，又做到相互协调合作，在保证实验质量的同时，确保每个组员都得到实练的机会。

（3）对于中型实验设备及仪表，未经实验指导教师的同意，不得擅自启动、关机。经指导教师同意后，操作中必须按照操作规程，认真严肃地进行。

（4）要有严肃认真、实事求是的科学态度，在进行实验时要周密地观察和如实地记录各种变化的现象及数据，数据只可整理，不可随意修改（整理时可以摒弃不正确的数据）。假如实验中发生问题，数据不符，则应找出原因设法解决，绝不允许臆造数据、弄虚作假，这种由发现问题到解决问题的过程是培养独立工作能力的重要环节。

（5）认真写好实验报告，除了按要求进行实验外还应主动地发掘问题、思考问题，认真地对实验中发生的各种现象及新的数据加以分析讨论，并尽可能地提出自己的见解。

（6）要认真执行实验室的规章制度，注意安全操作，爱护国家财物。仪器设备若有损坏，应立即报告指导教师，酌情处理，对水、电、药品要节约使用。

（7）实验完毕，应将所有仪器及设备清理干净后方可离开实验室。

2.2　实验室安全

实验时经常使用许多化学药品、电气设备、高压气等,所用的化学药品多数具有毒性或易燃易爆性,实验过程中有时也会产生有毒气体,因此实验室各级人员必须接受安全教育。教师必须对开展实验的学生讲解实验室的规章制度,使其了解各种药品、试剂的特性,掌握取用方法,并做出正确示范,减少由于操作不当而引发的事故。实验室的工作人员要注意防火,在用电、化学危险物品、微生物等方面一定要保证实验室的安全运作,将事故控制在最低限度。

2.2.1　防止中毒

在这方面应做到以下几点。

(1) 严格遵守实验室管理制度,加强对毒物、化学品以及易制毒品的保管。

(2) 在实验工作区内不得放置食物和饮料。实验室工作区内的冰箱禁止存放食物。不得用烧杯或其他实验用具喝水或烹煮食物。

(3) 严禁擅自将毒品、化学品携带出实验室。饮食用具不要带进实验室,以防毒物污染,离开实验室及饭前要洗净双手。

(4) 使用化学品前应核对标签,无标签的化学品应及时处理。

(5) 盛放毒物或其溶液的容器应有标签,且标明有毒,严禁使用无标签的容器。

(6) 实验室所用的毒物应设置使用登记本,认真实行使用登记制度。对常用的毒物应记载其毒性、中毒症状与急救办法,室内工作人员均应熟知。

(7) 非工作人员不得无故进入实验区,所有人员在实验区内须穿着遮盖前身的长袖长身的工作服。有时还需要佩戴其他防护装备,如手套、护目镜、面罩等。

(8) 实验工作区内的废弃物品存量不要太大。具危险性的液体如酸或碱性液体应放在视平线下,较大的废弃物容器应靠近地面存放。

2.2.2　防止火灾

实验室内电气设备的安装和使用管理,必须符合安全用电要求。实验室如果着火不要惊慌,首先应发出警报,然后尽快把火源周围的易燃物品转移,最后采用相应的手段进行灭火,常用的灭火剂有水、沙、二氧化碳灭火器、四氯化碳灭火器、泡沫灭火器和干粉灭火器等。若火势已经蔓延,应立即通知消防安全部门,切断所有电源,疏散人员、物资,清理通道,以便消防人员进入。

常用的紧急灭火方法如下：

（1）在可燃液体燃着时，应立即拿开着火区域内的一切可燃物质，关闭通风器，防止扩大燃烧。若着火面积较小，可用抹布、湿布、铁片或沙土覆盖，隔绝空气使之熄灭。但覆盖时要轻，避免碰坏或打翻盛有易燃溶剂的玻璃器皿，以免导致更多的溶剂流出而再着火。

（2）酒精及其他可溶于水的液体着火时，可用水灭火。

（3）汽油、乙醚、甲苯等有机溶剂着火时，应用石棉布或沙土扑灭。绝对不能用水灭火，否则会扩大燃烧面积。

（4）导线着火时不能用水及二氧化碳灭火器，应切断电源或用四氯化碳灭火器。

（5）衣服烧着时切忌奔走，可用衣服、大衣等包裹身体或躺在地上滚动以灭火。

2.2.3 防止腐蚀、化学灼伤及烫伤

化学腐蚀主要是由下列原因引起：吸入有毒物质的蒸气；有毒物质通过皮肤吸收进入人体；吃进被有毒物质污染的食物或饮料，品尝或误食有毒药品。

化学灼伤、烫伤则是因为皮肤直接接触强腐蚀性物质（如强酸、强碱等）引起的局部外伤。

实验室应建立预防措施，备有完善的防护装备，如防护手套、防毒面罩、防护眼镜，以及急救药物，如医用酒精、碘酒、止血粉、创可贴、烫伤药、纱布、棉签等。使用危险药品时，应戴上防护眼镜和口罩。

2.2.4 易燃易爆试剂、气瓶的安全性

易燃易爆试剂应储于铁柜（壁厚 1mm 以上）中，柜顶部有通风口，严禁在实验室存放大于 20L 的瓶装易燃液体。易燃易爆药品不要放在冰箱内。强氧化性物质与强还原性物质不能混放，以免发生反应，造成燃烧、爆炸，放出有毒气体。

气瓶在使用过程中要有专人负责。要有防止倾倒的措施，要避免碰撞、烘烤和暴晒；易燃和助燃气瓶要保持距离，分开存放；存放易燃易爆或有毒介质的气瓶，要安放在远离实验室的专用屋内。开启高压气瓶时应站在气瓶出口的侧面，动作要慢，以减少气流摩擦，防止产生静电。气体应在储存期限内使用，气瓶应定期做技术检验和进行耐压实验。

2.2.5 生物安全防护

对于污水处理实验来说，生物处理过程十分常见，污水处理反应器中的微生物较为普

通,但也存在一定的微生物安全性问题。微生物对实验人员或环境产生的危害不大,学生操作时只要遵守标准的微生物学操作规范即可。

2.2.6 实验室急救

在实验过程中如不慎发生受伤事故,应立即采取适当的急救措施。

(1) 被玻璃割伤或其他机械损伤。首先必须检查伤口内有无玻璃或金属等物的碎片,然后用硼酸水洗净,再擦碘酒或紫药水,必要时用纱布包扎。若伤口较大或过深而大量出血,应迅速在伤口上部和下部扎紧血管止血,并立即到医院诊治。

(2) 烫伤。一般用浓的(90%~95%)酒精轻涂伤处后,涂上苦味酸软膏。如果伤处红痛或红肿(一级灼伤),可用橄榄油或用棉花沾酒精敷盖伤处;若皮肤起泡(二级灼伤),不要弄破水泡,以防止感染;若伤处皮肤呈棕色或黑色(三级灼伤),应用干燥而无菌的消毒纱布轻轻包扎好,急送医院治疗。

(3) 强碱(如氢氧化钠、氢氧化钾)、钠、钾等触及皮肤而引起灼伤时,要先用大量自来水冲洗,再用5%乙酸溶液涂洗。

(4) 强酸、溴等触及皮肤而致灼伤时,应立即用大量自来水冲洗,再以5%碳酸氢钠溶液或5%氢氧化铵溶液洗涤。

(5) 如酚类触及皮肤引起灼伤,应该用大量的水清洗,并用肥皂和水洗涤,忌用酒精。

(6) 触电。触电时可按下述方法之一切断电路:

① 关闭电源;

② 用干木棍使导线与被害者分开;

③ 使被害者和地面分离,急救时急救者必须做好防止触电的安全措施,手或脚必须绝缘。

2.3 实验报告

2.3.1 定义与作用

实验报告,就是在某项科研活动或专业学习中,实验者把实验的目的、方法、步骤、结果等,用简洁的语言写成书面报告。

实验报告必须在科学实验的基础上进行。成功的或失败的实验结果的记载,有利于不断积累研究资料,总结研究成果,提高实验者的观察能力、分析问题和解决问题的能力,培养理论联系实际的学风和实事求是的科学态度。

2.3.2　写作要求

实验报告的种类繁多,其格式大同小异,比较固定。实验报告一般根据实验的先后顺序来写,主要内容如下:

(1) 实验名称,要用最简练的语言反映实验的内容。

(2) 实验目的要明确,要抓住重点,可以从理论和实践两个方面考虑。在理论上,验证定理定律,并使实验者获得深刻和系统的理解;在实践上,掌握使用仪器或器材的技能技巧。

(3) 实验(设计)用的仪器和材料。

(4) 实验(设计)的步骤和方法。这是实验报告的重要内容,这部分要写明依据何种原理、定律或操作方法进行实验(设计),要写明经过哪几个步骤。还应该画出实验装置的结构示意图(设计的结构示意图),再配以相应的文字说明,这样既可以节省许多文字说明,又能使实验报告简明扼要、清楚明白。

(5) 数据记录和计算,指从实验中测到的数据以及计算结果。

(6) 结果,即根据实验过程中所见到的现象和测得的数据得出结论。

(7) 分析讨论,是指根据实验结果做出评估,分析误差大小及原因。要运用所学知识对实验现象进行解释,对异常现象进行讨论,并提出改进思路和建议;也可写实验(设计)后的心得体会、建议等。

有的实验报告采用事先设计好的表格,使用时只要逐项填写即可。

2.3.3　撰写实验报告的注意事项

撰写实验报告是一项非常严肃、认真的工作,要讲究科学性、准确性、求实性。在撰写过程中,常见错误有以下几种情况。

(1) 观察不细致,没有及时、准确、如实记录。

在实验时,由于观察不细致、不认真,没有及时记录,结果不能准确地写出所发生的各种现象,不能恰如其分、实事求是地分析各种现象发生的原因。故在记录中,一定要看到什么就记录什么,不能弄虚作假。为了印证一些实验现象而修改数据,假造实验现象等做法,都是不允许的。

（2）说明不准确，或层次不清晰。

（3）没有采用专用术语来说明事物。

例如："用棍子在混合物里转动"一语，应用专用术语"搅拌"较好，这样既可使文字简洁明白，又合乎实验的情况。

（4）外文、符号、公式不准确，没有使用统一规定的名词和符号。

第3章

数据的测试、误差和分析处理

知识目标：
- 掌握实验数据的读取和记录方法，了解误差的基本概念。
- 掌握数据的统计处理方法。
- 熟悉实验数据的列表、图形及回归表示方法。

技能目标：
- 会正确读取和计算数据，有能力分辨出异常数据。
- 掌握数据处理基本方法。
- 可以用数据来说明现象，解决问题。

3.1 实 验 数 据

通过实验测量所得的大批数据是实验的初步结果。在实验中，由于测量仪器和人的观察等方面的原因，实验数据总存在一些误差，即误差的存在是必然的，具有普遍性。因此，研究误差的来源及其规律性，尽可能地减小误差，以得到准确的实验结果，对于寻找事物的规律以及发现可能存在的新现象是非常重要的。

3.1.1 真值与平均值

1. 真值

真值是指某物理量客观存在的确定值。对它进行测量时，由于测量仪器、测量方法、环境、人员及测量程序等都不可能完美无缺,实验误差难以避免,故真值是无法测得的,它是一个理想值。

在分析实验测定误差时,一般用如下方法替代真值。

(1) 实际值是现实中可以知道的一个量值,用它可以替代真值。如理论上证实的值,平面三角形内角之和为 $180°$;又如计量学中经国际计量大会决议的值,绝对零度等于 -273.15K;或将准确度高一级的测量仪器所测得的值视为真值。

(2) 平均值是指对某物理量经多次测量算出的平均结果,用它替代真值。当然测量次数无限多时,算出的平均值应该是很接近真值的,实际上测量次数是有限的(比如 10 次),所得的平均值只能说是近似地接近真值。

2. 平均值

平均值(mean)可综合反映测量值在一定条件下的一般水平,所以在科学实验中,经常将多次测量值的平均值作为真值的近似值。

常用的平均值有下面几种。

1) 算术平均值

$$\bar{x} = \frac{x_1 + x_2 + \cdots + x_n}{n} = \frac{\sum\limits_{i=1}^{n} x_i}{n} \tag{3-1}$$

式中,$\bar{x}$——算术平均值;

　x_i——各次的测量值;

　n——测量次数。

当测量值的分布服从正态分布时,用最小二乘法原理可证明:在一组等精度的测量中,算术平均值为最佳值或最可信赖值。

2) 加权平均值

如果某组测量值是用不同的方法获得的,或是由不同的实验人员得到的,则这组数据中不同值的精度与可靠度不一致,为了突出可靠性高的数值,则可采用加权平均值。计算公式为

$$\bar{x}_w = (w_1 x_1 + w_2 x_2 + \cdots + w_n x_n)/(w_1 + w_2 + \cdots + w_n) \tag{3-2}$$

式中,w——加权系数。

3) 对数平均值

在化学反应、热量与质量传递中,分布曲线多具有对数特性,此时可采用对数平均值表示量的平均值。

设有两个量 x_1、x_2,其对数平均值为

$$\bar{x}_{对} = \frac{x_1 - x_2}{\ln x_1 - \ln x_2} = \frac{x_1 - x_2}{\ln \dfrac{x_1}{x_2}} \tag{3-3}$$

两个量的对数平均值总小于算术平均值。若 $1 < x_1/x_2 < 2$,可用算术平均值代替对数平均值,引起的误差不超过 4.4%。

4）几何平均值

几何平均值的定义为

$$\bar{x}_{几} = \sqrt[n]{x_1 x_2 \cdots x_n} \tag{3-4}$$

以对数表示为

$$\lg \bar{x}_{几} = \frac{\sum\limits_{i=1}^{n} \lg x_i}{n} \tag{3-5}$$

对一组测量值取对数，所得图形的分布曲线呈对称时，常采用几何平均值。可见，几何平均值的对数等于这些测量值 x_i 的对数的算术平均值。几何平均值常小于算术平均值。

5）调和平均值

设有 n 个正测量值 $x_1, x_2, \cdots, x_n$，则它们的调和平均值为

$$H = \frac{n}{\dfrac{1}{x_1} + \dfrac{1}{x_2} + \cdots + \dfrac{1}{x_n}} = \frac{n}{\sum\limits_{i=1}^{n} \dfrac{1}{x_i}} \tag{3-6}$$

或

$$\frac{1}{H} = \frac{\dfrac{1}{x_1} + \dfrac{1}{x_2} + \cdots + \dfrac{1}{x_n}}{n} = \frac{\sum\limits_{i=1}^{n} \dfrac{1}{x_i}}{n} \tag{3-7}$$

以上介绍的各种平均值，都是在不同场合从一组测量值中找出最接近于真值的量值。平均值的选择主要取决于一组测量值的分布类型，在科学研究中，数据的分布一般为正态分布，故常采用算术平均值。

3.1.2　误差的基本概念

1. 误差

误差是实验测量值（包括直接和间接测量值）与真值（客观存在的准确值）之差。误差的大小表示每一次测得值相对于真值不符合的程度。误差有以下含义。

(1) 误差永远不等于零。不管人们的主观愿望如何，也不管人们在测量过程中怎样精心细致地控制，误差还是要产生的，不会消除，误差的存在是绝对的。

(2) 误差具有随机性。在相同的实验条件下，对同一个研究对象反复进行多次的实验、测试或观察，所得到的竟不是一个确定的结果，即实验结果具有不确定性。

(3) 误差是未知的。通常情况下，由于真值是未知的，因此研究误差时，一般都从偏差入手。

2. 误差的产生

根据误差的性质及产生的原因，可将误差分为系统误差、随机误差和粗大误差三种。

1) 系统误差

系统误差是由某些固定不变的因素引起的。在相同条件下进行多次测量,其误差数值的大小和正负保持恒定,或误差随条件改变按一定规律变化。即有的系统误差随时间呈线性、非线性或周期性变化,有的则不随测量时间变化。

产生系统误差的原因有:①测量仪器方面的因素(仪器设计上的缺点、零件制造不标准、安装不正确、未经校准等);②环境因素(外界温度、湿度及压力变化引起的误差);③测量方法因素(近似的测量方法或近似的计算公式等引起的误差);④测量人员的习惯偏向等。

总之,系统误差有固定的偏向和确定的规律,一般可按具体原因采取相应措施给予校正或用修正公式加以消除。

2) 随机误差

随机误差是由某些不易控制的因素造成的。在相同条件下进行多次测量,其误差数值和符号是不确定的,即时大时小,时正时负,无固定大小和偏向。随机误差服从统计规律,其误差与测量次数有关。随着测量次数的增加,平均值的随机误差可以减小,但不会消除。因此,多次测量值的算术平均值接近于真值。研究随机误差可采用概率统计方法。

3) 粗大误差

粗大误差是指与实际明显不符的误差,主要是由实验人员粗心大意,如读数错误、记录错误或操作失败所致。这类误差往往与正常值相差很大,应在整理数据时依据常用的准则加以剔除。

上述三种误差,在一定条件下可以相互转化。例如:尺子刻度划分有误差,对制造尺子者来说是随机误差;一旦用它进行测量时,这把尺子的分度对测量结果将形成系统误差。随机误差和系统误差间并不存在绝对的界限。同样,对于粗大误差,有时也难以将其与随机误差相区别,从而当作随机误差来处理。

3. 误差的表示

1) 绝对误差

测量值与真值之差称为绝对误差,即

$$绝对误差 = 测量值 - 真值 \tag{3-8}$$

绝对误差反映了测量值偏离真值的大小,这个偏差可正可负。通常所说的误差一般指绝对误差。如果用 x、x_t、Δx 分别表示测量值、真值和绝对误差,则有

$$\Delta x = x - x_t \tag{3-9}$$

所以有

$$x_t - x = \pm |\Delta x| \tag{3-10}$$

或者

$$x_t = x \pm |\Delta x| \tag{3-11}$$

由此可得

$$x - |\Delta x| \leqslant x_t \leqslant x + |\Delta x| \tag{3-12}$$

$$|\Delta x| = |x - x_t| \leqslant x_{max} \tag{3-13}$$

$$x - |\Delta x|_{max} \leqslant x_t \leqslant x + |\Delta x|_{max} \tag{3-14}$$

$$x_t \approx x \pm |\Delta x|_{max} \tag{3-15}$$

由此可以估算出绝对误差的范围。

如果对某物理量只进行一次测量，则常常以测量仪器上注明的精度等级，或仪器最小刻度作为单次测量误差的计算依据。绝对误差的估算方法有：①以最小刻度为最大绝对误差；②以最小刻度的一半为绝对误差；③根据仪表精度等级计算，绝对误差＝量程×精度等级％。如某天平的最小刻度为 0.1mg，则表示该天平有把握的最小称量质量是 0.1mg，所以它的最大绝对误差为 0.1mg。

2）相对误差 E_r

相对误差用以区分两组不同准确度的比较，常常表示为百分数（％）或千分数（‰）。相对误差在一定条件下能反映测量值的准确程度。

$$相对误差 = \frac{绝对误差}{真值} = \frac{绝对误差}{测量值 - 绝对误差} = \frac{1}{\dfrac{测量值}{绝对误差} - 1} \tag{3-16}$$

即

$$E_r = \frac{\Delta x}{x_t} = \frac{x - x_t}{x_t} \tag{3-17}$$

显而易见，$|E_r|$ 小的测量值精度较高。

真值未知时，常将 Δx 与测量值或平均值之比作为相对误差：

$$E_r = \frac{\Delta x}{x} \quad 或 \quad E_r = \frac{\Delta x}{\bar{x}} \tag{3-18}$$

也可以由下式估计出相对误差的大小范围：

$$E_r = \left| \frac{\Delta x}{x_t} \right| \leqslant \left| \frac{\Delta x}{x_t} \right|_{\max} \tag{3-19}$$

绝对误差虽很重要，但仅用它还不足以说明测量的准确程度。换句话说，它还不能给出测量准确与否的完整概念。此外，有时测量得到相同的绝对误差可能导致准确度完全不同的结果。例如，要判别称量的好坏，单单知道最大绝对误差等于 1g 是不够的。因为如果所称量物体本身的质量有几十千克，那么，绝对误差 1g，表明此次称量的质量是高的；同样，如果所称量的物质本身仅有 2～3g，那么，这又表明此次称量的结果毫无用处。

显而易见，为了判断测量的准确度，必须将绝对误差与所测量值的真值相比较，即求出其相对误差，才能说明问题。

3）算术平均误差 δ 与标准误差 σ

算术平均误差可以反映一组实验数据的误差大小。

n 次测量值的算术平均误差为

$$\delta = \frac{\sum\limits_{i=1}^{n} |x_i - \bar{x}|}{n} = \frac{\sum\limits_{i=1}^{n} |d_i|}{n} \tag{3-20}$$

式中，d_i——实验值 x_i 与算术平均值 $\bar{x}$ 的偏差。

n 次测量值的标准误差（也称均方根误差）为

$$\sigma = \sqrt{\frac{\sum\limits_{i=1}^{n} (x_i - \bar{x})^2}{n - 1}} \tag{3-21}$$

算术平均误差与标准误差既有联系又有区别。n 次测量值的重复性(也称重现性)越差,n 次测量值的离散程度越大,n 次测量值的随机误差越大,则 δ 值和 σ 值均越大。因此,可以用 δ 值和 σ 值来衡量 n 次测量值的重复性、离散程度和随机误差。但算术平均误差的缺点是无法表示出各次测量值之间彼此符合的程度。因为偏差彼此相近的一组测量值的算术平均误差,可能与偏差有大、中、小三种情况的另一组测量值的相同。而标准误差对一组测量值中的较大偏差或较小偏差很敏感,能较好地表明数据的离散程度。

例 3.1.1 某次测量得到下列两组数据(单位为 cm):

A 组:2.3 2.4 2.2 2.1 2.0;B 组:1.9 2.2 2.2 2.5 2.2

求各组的算术平均误差与标准误差值。

解:算术平均值为

$$\bar{x}_A = \frac{2.3 + 2.4 + 2.2 + 2.1 + 2.0}{5} = 2.2$$

$$\bar{x}_B = \frac{1.9 + 2.2 + 2.2 + 2.5 + 2.2}{5} = 2.2$$

算术平均误差为

$$\delta_A = \frac{0.1 + 0.2 + 0.0 + 0.1 + 0.2}{5} = 0.12$$

$$\delta_B = \frac{0.3 + 0.0 + 0.0 + 0.3 + 0.0}{5} = 0.12$$

标准误差为

$$\sigma_A = \sqrt{\frac{0.1^2 + 0.2^2 + 0.1^2 + 0.2^2}{5-1}} \approx 0.16$$

$$\sigma_B = \sqrt{\frac{0.3^2 + 0.3^2}{5-1}} \approx 0.21$$

由上例可见,尽管两组数据的算术平均值相同,但它们的离散情况明显不同。由计算结果可知,只有标准误差能反映出数据的离散程度。实验越准确,其标准误差越小,因此标准误差通常被作为评定 n 次测量值随机误差大小的标准,在实验中得到广泛应用。

3.1.3 实验数据的精密度

测量的质量和水平可用误差概念来描述,也可用准确度等概念来描述。为了指明误差的来源和性质,通常采用以下三个概念。

1. 精密度

精密度可以衡量某物理量几次测量值之间的一致性,即重复性。它可以反映随机误差的影响程度,精密度高指随机误差小。如果实验数据的相对误差为 0.01% 且误差纯由随机误差引起,则可认为精密度为 1.0×10^{-4}。

2. 正确度

正确度是指在规定条件下,测量中所有系统误差的综合。正确度高表示系统误差小。如果实验数据的相对误差为 0.01% 且误差纯由系统误差引起,则可认为正确度为 1.0×10^{-4}。

3. 准确度(或称精确度)

准确度表示测量中所有系统误差和随机误差的综合。因此,准确度表示测量结果与真值的逼近程度。如果实验数据的相对误差为 0.01% 且误差由系统误差和随机误差共同引起,则可认为准确度为 1.0×10^{-4}。对于实验或测量来说,精密度高,正确度不一定高;正确度高,精密度也不一定高。但准确度高必然是精密度与正确度都高。

3.2 实验数据的统计处理

3.2.1 有效数字和结果表示

1. 有效数字

在实验中无论对于直接测量的数据还是计算结果,到底用几位有效数字加以表示是很重要的。数据中小数点的位置在前或在后仅与所用的测量单位有关。例如 762.5mm、76.25cm、0.7625m 这三个数据,其准确度相同,但小数点的位置不同。另外,在实验测量中所使用的仪器仪表只能达到一定的准确度,因此,测量或计算的结果不可能也不应该超越仪器仪表所允许的准确度范围。如上述的长度测量中,若标尺的最小分度为 1mm,其读数可以读到 0.1mm(估计值),故数据的有效数字是四位。

实验数据(包括计算结果)的准确度取决于有效数字的位数,而有效数字的位数又由仪器仪表的准确度来决定。换言之,实验数据的有效数字位数必须反映仪表的准确度和存在疑问的数字位置。

2. 数字舍入规则

对于位数很多的近似数,当有效位数确定后,应将多余的数字舍去。舍去多余数字常用四舍五入法。这种方法简单、方便,适用于舍、入操作不多且准确度要求不高的场合,因为采用这种方法只要大于 5 就入,易使所得数据偏大。下面介绍一些新的舍入规则。

（1）若舍去部分的数值大于保留部分的末位的半个单位，则末位加 1。

（2）若舍去部分的数值小于保留部分的末位的半个单位，则末位不变。

（3）若舍去部分的数值等于保留部分的末位的半个单位，则末位凑成偶数。换言之，当末位为偶数时，则末位不变；当末位为奇数时，则末位加 1。

3.2.2　可疑数据的取舍

在一组实验数据中，常会出现个别数据与其他数据偏差大的情况，对于这样的可疑数据的取舍一定要慎重。一般处理原则如下：

（1）在实验过程中，若发现异常数据，应停止实验，分析原因，及时纠正错误；

（2）实验结束后，在分析实验结果时，如发现异常数据，则应先找出产生差异的原因，再对其进行取舍；

（3）在分析实验结果时，如不清楚产生异常值的确切原因，则应对数据进行统计处理再进行取舍；

（4）对于舍去的数据，在实验报告中应注明舍去的原因或所选用的统计方法。

总之，对于可疑数据要慎重，不能任意抛弃和修改。往往通过对可疑数据的考察，可以发现引起系统误差的原因，进而改进实验方法，有时甚至得到新实验方法的线索。

检验可疑数据，常用的统计方法有拉依达（PauTa）准则、格拉布斯（Grubbs）准则、狄克逊（Dixon）准则、肖维勒（Chauvenet）准则、t 检验法、F 检验法等。若数据较少，则可重做一组数据。

下面介绍两种检验可疑数据的统计方法。

1. 拉依达（PauTa）准则

如果可疑数据 x_p 与实验数据的算术平均值的偏差的绝对值 $|dp|$ 大于 3 倍（或 2 倍）的标准偏差，即

$$|dp|=|x_p-\bar{x}|>3s \text{ 或 } 2s \tag{3-22}$$

则应将 x_p 从该组测量值中剔除，至于选择 $3s$ 还是 $2s$ 与显著性水平 α 有关。显著性水平 α 表示检验出错的概率为 α，或者检验的可信度为 $1-\alpha$。$3s$ 相当于显著性水平 $\alpha=0.01$，$2s$ 相当于显著性水平 $\alpha=0.05$。

拉依达准则方法简单，无须查表，使用起来方便。该检验法适用于实验次数较多或要求不高的情况，这是因为，当 $n<10$ 时，用 $3s$ 作界限，即使有异常数据也无法剔除；若用 $2s$ 作界限，则 5 次以内的实验次数无法舍去异常数据。

2. 格拉布斯（Grubbs）准则

用格拉布斯准则检验可疑数据 x_p 时，当

$$|dp|=|x_p-\bar{x}|>\lambda(\alpha,n)s \tag{3-23}$$

时，则应将 x_p 从该组实验值中剔除。这里的 $\lambda(\alpha,n)$ 称为格拉布斯检验临界值（可以查表），

它与实验次数 n 及给定的显著性水平 α 有关。

3.3　实验数据的表示与分析

处理实验数据的目的是充分利用实验所得信息,利用数据统计知识,分析各个因素对实验结果的影响及影响的主次,寻找各变量间相互影响的规律。

整理实验数据最常用的方法是列表法、作图法和回归分析。

3.3.1　列表法

将一组实验数据和计算的中间数据依据一定的形式和顺序列成表格,这种方法称列表法。列表法可以简单明确地表示出物理量之间的对应关系,便于分析和发现资料的规律性,也有助于检查和发现实验中的问题,因此一直得到广泛应用。特别是近年来计算机办公软件,如 Word、Excel 等的普及使用,方便了表格排序、删除、添加以及表格运算,使列表法使用更方便、更普及。

设计记录表格时要做到以下几点。

(1)表格设计要合理,以利于记录、检查、运算和分析。

(2)表格中涉及的各物理量,其符号、单位及量值的数量级均要表示清楚,但不要把单位写在数字后。

(3)表中数据要正确反映测量结果的有效数字和不确定度。除原始数据外,计算过程中的一些中间结果和最后结果也可以列入表中。

(4)表格要加上必要的说明。实验室所给的数据或查得的单项数据应列在表格的上部,说明写在表格的下部。

3.3.2　作图法

用图形表示相关物理量实验数据关系的方法称为作图法或图解法。作图法具有简明、形象、直观、便于比较研究实验结果等优点,它是一种最常用的数据处理方法。作图法的基本规则如下:

（1）根据函数关系选择适当的坐标纸（如直角坐标纸、单对数坐标纸、双对数坐标纸、极坐标纸等）和比例，画出坐标轴，标明物理量符号、单位和刻度值，并写明测试条件。

（2）坐标的原点不一定是变量的零点，可根据测试范围加以选择。坐标分格最好使最低数字的一个单位可靠数与坐标最小分度相当。纵横坐标比例要恰当，以使图线居中。

（3）描点和连线。根据测量数据，用直尺和笔尖使其函数对应的实验点准确地落在相应的位置。一张图纸上画上几条实验曲线时，每条图线应用不同的标记如"＋""×""·""△"等符号标出，以免混淆。连线时，要顾及数据点，使曲线呈光滑曲线（含直线），并使数据点均匀分布在曲线（直线）的两侧，且尽量贴近曲线。个别偏离过大的点要重新审核，属过失误差的应剔去。

（4）标明图名。即做好实验图线后，应在图纸下方或空白的明显位置处写上图的名称、作者和作图日期，有时还要附上简单的说明，如实验条件等，使读者一目了然。作图时，一般将纵轴代表的物理量写在前面，横轴代表的物理量写在后面，中间用"—"连接。

现在很多计算机软件，如 Word、Excel 等为作图提供了极大的方便，也丰富了作图法的形式。

3.3.3 回归分析

列表法和作图法的优势是简单直观，但对客观事实表示不明确，不便于理论分析和计算。科研中，采用的其他分析方法有聚类分析、因子分析、相关分析、对应分析、回归分析、方差分析等。在水污染控制工程实验中，比较常用的是回归分析法。

回归分析（regression analysis）是确定两种或两种以上变数间相互依赖的定量关系的一种统计分析方法，运用十分广泛。回归分析按照涉及的自变量的多少，可分为一元回归分析和多元回归分析；按照自变量和因变量之间的关系类型，可分为线性回归分析和非线性回归分析。

1. 一元线性回归

如果只有一个自变量 x，而且因变量 y 和自变量 x 之间的数量变化关系呈近似线性关系，就可以建立一元线性回归方程，由自变量 x 的值来预测因变量 y 的值，这就是一元线性回归预测。

设有一组实验数据 x_i、$y_i(i=1,2,\cdots,n)$，其中 x 是自变量，y 是因变量。若 x 和 y 符合线性关系，或已知经验公式为直线形式，那么 x 和 y 的关系可以用一元线性回归方程表示：

$$y_i = a + bx_i$$

2. 多元线性回归

当两个或两个以上的自变量与一个因变量之间存在线性关系时，称为多元线性回归分析。其中，比较常用的为二元线性回归，其表达式为

$$y = a + b_1 x_1 + b_2 x_2$$

式中，y——因变量；

  x_1、x_2——自变量；

  a——常数；

  b_1、b_2——回归系数。

3. 非线性回归

如果回归模型的因变量是自变量的一次以上函数形式，回归规律在图形上表现为形态各异的各种曲线，则称为非线性回归。这类模型称为非线性回归模型。在许多实际问题中，回归函数往往是较复杂的非线性函数。非线性函数的求解一般可分为将非线性变换成线性和不能变换成线性两大类。

实验数据的分析处理是从大量实验数据中用数学的方法求得规律，所以实验完成后都要进行实验误差分析，数据整理、处理与分析，特别是实验数据的分析处理需要用到一些数学原理与方法，需要时应参考其他文献。

第4章

水污染控制的物理、化学及物理化学方法实验

知识目标：
- 掌握实验的目的和原理。
- 掌握实验仪器或设备的使用方法，了解实验步骤和过程。
- 学会相关指标或参数的测定方法。
- 学会实验数据的记录、整理、分析和计算。
- 掌握根据实验数据绘制曲线的方法。

技能目标：
- 培养独立完成实验的动手能力。
- 培养学生的实验方案设计能力。
- 培养学生的分析、总结能力以及标准实验报告的编写能力。

4.1　颗粒自由沉淀实验

4.1.1　实验目的

（1）通过实验加深对自由沉淀的概念、特点、规律的理解。

（2）掌握颗粒自由沉淀实验方法，并能对实验数据进行分析、整理和计算。

（3）绘制颗粒自由沉淀曲线，即 E-t（去除率-沉淀时间）和 E-u（去除率-沉淀速度）关系

曲线,以此得到沉淀池的设计参数。

4.1.2 实验原理

根据废水中悬浮颗粒的性质及浓度,沉淀过程可分为自由沉淀、絮凝沉淀、成层沉淀和压缩沉淀四类。浓度较稀的、粒状颗粒的沉淀属于自由沉淀,其特点是静沉过程中颗粒互不干扰、等速下沉。

设在一水深 H 的沉淀柱内进行自由沉淀实验。

实验开始,沉淀时间为 0,此时沉淀柱内悬浮物分布是均匀的,即每个断面上颗粒的重量与粒径的组成相同,悬浮物浓度为 C_0(单位:mg/L),此时去除率 $E=0$。

实验开始后,在不同沉淀时间 t_i,颗粒最小沉淀速度 u_i 按照公式 $u=H/t$ 计算,即为 t_i 时间内从水面下沉到取样点的最小颗粒 d_i 所具有的沉速。此时,取样点处水样浓度为 C_i。

目前常用的沉淀实验数据处理方法有两种:一种是常规计算法,另一种是 Camp 图解积分法。前者计算简单,但误差较大,得到的是 E-t 和 E-u 曲线;后者比较复杂,但结果精确。

本实验采用常规计算法。

由沉淀时间 t 和对应的工作水深 H,按公式 $u=H/t$ 计算沉淀速度 u(单位:m/h)。式中的工作水深 H 是指由水面到取样口的高度。

去除率 E 按下式计算:

$$E = \frac{C_0 - C_i}{C_0} \times 100\% \tag{4-1}$$

式中,E——颗粒被去除百分率,%;

C_0——原水悬浮物的浓度,mg/L;

C_i——t_i 时刻悬浮物质量浓度,mg/L。

根据沉淀时间 t 及对应的 u、E 数据,绘制 E-t 曲线和 E-u 曲线。

利用以上方法进行实验要注意以下几点。

(1)每从管中取一次水样,管中水面就要下降一定高度,所以,在求沉淀速度时要按实际的取样口上水深来计算。为了尽量减小由此产生的误差,使数据可靠,应尽量选用较大断面面积的沉淀柱。

(2)实际上,在经过时间 t_i 后,取样口上 h 高度水深内颗粒沉到取样口下,应由两个部分组成:$u \geqslant u_0 = h/t_i$ 的这部分颗粒,经时间 t_i 后将全部被去除;$u < u_0 = h/t_i$ 的这部分颗粒也会有一部分经时间 t_i 后沉淀到取样口以下。这是因为,沉淀速度 $u < u_0$ 的这部分颗粒并不都在水面,而是均匀地分布在整个沉淀柱的高度内,因此,只要在水面下,如它们下沉至池底所用的时间少于或等于具有沉速 u_0 的颗粒由水面降至池底所用的时间 t_i,那么这部分颗粒也能从水中被除去。但是以上实验方法并未包括这一部分,所以存在一定的误差。

(3)从取样口取出水样测得的悬浮固体浓度 C_1,C_2,…,C_i 等,只表示取样口断面处原水经沉淀时间 t_1,t_2,…,t_i 后的悬浮固体浓度,而不代表整个 h 水深中经相应沉淀时间后的悬浮固体浓度。

4.1.3　实验设备与试剂

1. 仪器

（1）自由沉淀柱（见图 4-1）；

（2）电子天平；

（3）烘箱；

（4）标尺、漏斗。

2. 试剂

水样：泥浆水。

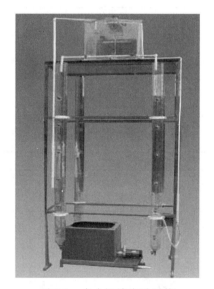

图 4-1　自由沉淀实验系统

4.1.4　实验步骤

（1）将泥浆水倒入配水箱中，启动泵搅拌 5min，使水中的悬浮物分布均匀。

（2）关闭水泵，向沉淀柱中注水，同时准确量取水样 100mL，测其浓度为 C_0。

（3）当水样升到溢流口并流出后，停泵并开始计时。

（4）观察沉淀现象。

（5）取样。

① 在时间为 0、10min、20min、30min、40min、60min、120min 时各取样 100mL。

② 取样前，记录管中水面至取样口的距离 H（以 cm 计）。

（6）测定各水样悬浮物浓度。

4.1.5　实验数据处理与分析

（1）将实验数据填入表 4-1，并按照表 4-2 进行数据整理与计算。

（2）根据实验数据计算不同沉淀时间 t 对应的水样悬浮物浓度 C、去除率 E 以及相应的颗粒沉速 u，绘制总去除率 E 与沉淀时间的关系曲线，即去除率曲线（E-t），同时画出 E-u 关系曲线。

表 4-1　颗粒自由沉淀实验记录

日期：　　　　　　　　　　　　　　　　水样：

静沉时间/min	滤纸编号	称量瓶＋滤纸质量/g	取样体积/mL	瓶＋滤纸＋滤渣质量/g	滤渣质量/g	沉淀高度 H/cm

表 4-2　实验原始数据整理表

沉淀时间 t/min					
沉淀高度 H/cm					
悬浮物浓度 C/(mg/L)					
颗粒沉速 u/(mm/s)					
去除率 E/%					

（3）实验分析和小结。

4.1.6　注意事项

（1）向沉淀柱内注水时速度要适中，既要较快完成进水，以防进水中一些较重颗粒沉淀，又要防止速度过快造成柱内水体紊动，影响静沉实验效果。

（2）取样前一定要记录沉淀柱中水面至取样口距离 H（以 cm 计）。

（3）取样时，若取样口在沉淀柱底部，应先排除管中积水后取样。

（4）可根据水样悬浮物含量高低，适当拉长或缩短取样间隔时间。

4.1.7　思考题

（1）自由沉淀中颗粒沉速与絮凝沉淀中颗粒沉速有何区别？
（2）说明绘制自由沉淀特性曲线的方法及意义。

4.2　化学混凝实验

4.2.1　实验目的

（1）观察混凝现象，从而加深对混凝理论的理解；
（2）学习确定最佳投药量的方法；
（3）了解混凝剂的筛选方法；
（4）掌握混凝工艺条件的确定方法。

4.2.2　实验原理

化学混凝法通常用来去除废水中的胶体污染物和细微悬浮物。所谓化学混凝，是指在废水中投加化学药剂来破坏胶体及细微悬浮物颗粒在水中形成的稳定分散体系，使其聚集为具有明显沉降性能的絮凝体，然后再用重力沉降、过滤、气浮等方法予以分离的单元过程。

混凝是一种复杂的物理化学现象，其机理主要为压缩双电层作用、吸附架桥作用和网捕絮凝作用。

混凝由混合、絮凝和沉淀三个过程组成。混合的目的是均匀而迅速地将药液扩散到污水中，它是絮凝的前提。当混凝剂与污水中的胶体及悬浮颗粒充分接触以后，会形成微小的矾花。混合时间很短，一般要求在 $10 \sim 30s$ 内完成混合，最多不超过 2min。因而要使之混合均匀，就必须提供足够的动力使污水产生剧烈的紊流。

将混凝剂加入污水中，污水中大部分处于稳定状态的胶体杂质将失去稳定。脱稳的胶体颗粒通过一定的水力条件相互碰撞、相互凝结，逐渐长大成能沉淀去除的矾花，这一过程称为絮凝或反应。要保证絮凝的顺利进行，需保证足够的絮凝时间、足够的搅拌外力，但搅拌强度要远远小于混合阶段。

污水经絮凝过程形成的矾花,要通过沉淀去除。

混凝剂的种类较多,有有机混凝剂、无机混凝剂、人工合成混凝剂(阴离子型、阳离子型、非离子型)、天然高分子混凝剂(淀粉、树胶、动物胶)等。为了提高混凝效果,必须根据废水中胶体和细微悬浮物的性质和浓度,正确控制混凝过程的工艺条件。

混凝的效果受很多因素影响,包括:

(1) 胶体和细微悬浮物的种类、粒径和浓度;

(2) 废水中阳离子和阴离子的浓度;

(3) 溶液 pH 值;

(4) 混凝剂的种类、投加量和投加方式;

(5) 搅拌强度和时间;

(6) 碱度;

(7) 水温等。

4.2.3 实验设备与试剂

1. 仪器

(1) 无级调速六联搅拌机(见图 4-2);

(2) 浊度仪;

(3) 温度计,50mL 注射器,1000mL 烧杯。

图 4-2 无级调速六联搅拌机

2. 试剂

(1) 混凝剂:浓度 1% 或 10g/L 的聚合硫酸铁(PFS)、聚合氯化铝(PAC)、聚合硫酸铁铝(PAFS)、聚丙烯酰胺(PAM)等。

(2) 10% 盐酸,10% 氢氧化钠。

4.2.4　实验步骤

1. 最佳投药量实验步骤

（1）测定原水温度、浊度及 pH 值。

（2）用量筒量取 1000mL 水样放置于 1000mL 烧杯中，每组 6 个水样，共两组，其中一组投加三氯化铁，另一组投加聚合氯化铝（或 PAM）。

（3）将第一组 6 个水样置于搅拌器上，分别设定投药量为 10mg、20mg、40mg、60mg、80mg、100mg，用移液管移取浓度为 10g/L 的药液依次投入各水样杯中。

（4）投药后迅速启动搅拌机，快速搅拌 1min，转速约 300r/min；中速搅拌 10min，转速为 120r/min；慢速搅拌 10min，转速为 80r/min。

（5）搅拌过程中观察记录矾花形成的时间（记录于表 4-3 中）。

（6）搅拌完成后停机，将水样杯取出置一旁静沉 15min，并观察矾花形成及沉淀的情况，然后用注射器吸取杯中上清液 100mL 放入 250mL 烧杯中，分别测定其 pH 值、浊度，同时记录于表 4-4 中。

（7）完成第一组水样后，按同样步骤，用第二种药液做第二组实验。

2. 最佳 pH 值实验步骤

（1）取 6 个 1000mL 烧杯，分别放入 1000mL 原水样，置于实验搅拌器的平台上。

（2）确定原水特征（包括原水浊度、pH 值、温度）。本实验所用原水和最佳投药量实验相同。

（3）调整原水样 pH 值。用 10％HCl 和 10％NaOH 调整各杯水样的 pH 值分别为 2.5、4.0、5.5、7.0、8.5、10.0。

（4）用移液管向各烧杯中加入相同量的混凝剂（投加剂量按照最佳投药量实验中得出的最佳投药量确定）。

（5）启动搅拌器，快速搅拌 1min，转速约 300r/min；中速搅拌 10min，转速为 120r/min；慢速搅拌 10min，转速为 80r/min。

（6）关闭搅拌机，将水样杯取出置一旁静沉 15min 后，用注射器针筒吸取杯中上清液约 100mL，放入 250mL 烧杯中，分别测定其浊度，记录于表 4-4 中。

4.2.5　实验数据处理与分析

（1）最佳投药量实验结果记录。

将原水特征、混凝剂加注量等实验数据记录于表 4-3 中。

表 4-3 最佳投药量实验记录

原水温度：_____℃   原水浊度：_____   pH 值：_____

使用混凝剂的种类、浓度：_____

水样编号		1	2	3	4	5	6
混凝剂加注量/mL							
矾花形成时间/min							
沉淀水浊度/度							
备　　注	1	快速搅拌　（min）			转速　（r/min）		
	2	中速搅拌　（min）			转速　（r/min）		
	3	慢速搅拌　（min）			转速　（r/min）		
	4	沉淀时间　（min）					

（2）最佳 pH 值实验结果记录。

将原水特征、混凝剂加注量及沉淀水浊度记录于表 4-4 中。

表 4-4 最佳 pH 值实验记录

原水温度：_____℃   原水浊度：_____

使用混凝剂的种类、浓度：_____

水样编号		1	2	3	4	5	6
pH 值							
混凝剂加注量/mL							
沉淀水浊度/度							
备　　注	1	快速搅拌　（min）			转速　（r/min）		
	2	中速搅拌　（min）			转速　（r/min）		
	3	慢速搅拌　（min）			转速　（r/min）		
	4	沉淀时间　（min）					

（3）以沉淀水浊度为纵坐标、混凝剂加注量为横坐标，绘制浊度与药剂加注量关系曲线，并从图中求出最佳混凝剂加注量。

（4）以沉淀水浊度为纵坐标、水样 pH 值为横坐标绘制浊度与 pH 值关系曲线，从图中求出所加混凝剂的混凝最佳 pH 值及其使用范围。

（5）进行结果讨论及误差分析。

4.2.6 注意事项

（1）整个实验采用同一水样，并且取水样时要搅拌均匀，要一次量取，以尽量减少取样浓度上的误差。

（2）要充分冲洗加药管，以免药剂沾在加药管上太多，而影响投药量的精确度。

（3）取沉淀后上清液时，要用相同的条件取，不要把沉下去的矾花搅起来。

4.2.7　问题与讨论

(1) 根据实验结果以及实验中观察到的现象,简述影响混凝效果的几个主要因素。
(2) 为什么投药量大时,混凝效果不一定好?

4.3　滤池过滤与反冲洗实验

4.3.1　实验目的

(1) 了解模型及设备的组成与构造。
(2) 观察过滤及反冲洗现象,进一步了解过滤及反冲洗原理。
(3) 掌握实验的操作方法。
(4) 掌握滤池工作中主要技术参数的测定方法。

4.3.2　实验原理

1. 过滤与反冲洗模型
过滤与反冲洗实验装置主要由高位水箱、流量计、过滤柱及测压管组成,如图 4-3 所示。

2. 水过滤原理
水的过滤是根据地下水通过地层过滤形成清洁井水的原理而创造的处理混浊水的方法。过滤一般指以石英砂等颗粒状滤料层截留水中悬浮杂质,从而使水达到澄清的工艺过程,它是水中悬浮颗粒与滤料颗粒间黏附作用的结果。黏附作用主要取决于滤料和水中颗粒的表面物理化学性质,当水中颗粒迁移到滤料表面上时,在范德华引力和静电引力以及某些化学键和特殊的化学吸附力作用下,它们被黏附到滤料颗粒的表面上。此外,某些絮凝颗粒的架桥作用也同时存在。经研究表明,过滤主要是悬浮颗粒与滤料颗粒通过迁移和黏附来完成去除水中杂质的过程。

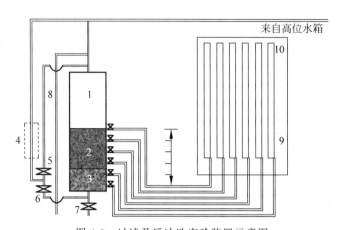

图 4-3　过滤及反冲洗实验装置示意图

1—过滤柱；2—滤料层；3—承托层；4—转子流量计；5—过滤进水阀门；
6—反冲洗进水阀门；7—过滤出水阀门；8—反冲洗出水管；9—测压板；10—测压管

3. 影响过滤的因素

在过滤过程中，随着过滤时间的增加，滤层中悬浮颗粒的量也会不断增加，这就必然会导致过滤过程水力条件的改变。当滤料粒径、形状、滤层级配和厚度及水位已定时，如果孔隙率减小，则在水头损失不变的情况下，将引起滤速减小。反之，在滤速保持不变时，将引起水头损失的增加。就整个滤料层而言，鉴于上层滤料截污量多，越往下层截污量越小，因而水头损失增值也由上而下逐渐减小。此外，影响过滤的因素还有很多，如水质、水温、滤速、滤料尺寸、滤料形状、滤料级配，以及悬浮物的表面性质、尺寸和强度等。

4. 滤料层的反冲洗

过滤时，随着滤层中杂质截留量的增加，当水头损失增至一定程度时，导致滤池产生水量锐减，或由于滤后水质不符合要求，滤池必须停止过滤，并进行反冲洗。反冲洗的目的是清除滤层中的污物，使滤池恢复过滤能力。滤池冲洗通常采用自下而上的水流进行反冲洗的方法。反冲洗时，滤料层膨胀起来，截留于滤层中的污物在滤层孔隙中的水流剪力作用下，以及在滤料颗粒碰撞摩擦的作用下，从滤料表面脱落下来，然后被冲洗水流带出滤池。反冲洗效果主要取决于滤层孔隙水流剪力。该剪力既与冲洗流速有关，又与滤层膨胀有关。冲洗流速小，水流剪力小；冲洗流速大，使滤层膨胀度大，滤层孔隙中水流剪力又会降低。因此，冲洗流速应控制适当。高速水流反冲洗是最常用的一种形式，反冲洗效果通常由滤床膨胀率 e 来控制，即

$$e = \frac{L - L_0}{L} \times 100\% \tag{4-2}$$

式中，L——砂层膨胀后的厚度，cm；

L_0——砂层膨胀前的厚度，cm。

通过长期实验研究发现，e 为 25% 时反冲洗效果为最佳。

4.3.3 实验设备与试剂

(1) 过滤装置 1 套。（过滤柱直径 $d=100\text{mm}$，长度 $L=2000\text{mm}$ 的有机玻璃管；转子流量计；测压板（需标刻度）；测压管）

(2) 浊度仪。

(3) 卷尺。

4.3.4 实验步骤

1. 实验前准备

(1) 将滤料先进行一定冲洗，冲洗强度加大至 $12\sim15\text{L}/(\text{s}\cdot\text{m}^2)$，冲洗流量为 $0.35\sim0.43\text{m}^3/\text{h}$，时间几分钟，目的是去除滤层内的气泡。

(2) 冲洗完毕，开初滤水排水阀门，降低柱内水位。

(3) 了解设备使用方法。

2. 清洁砂层过滤水头损失实验步骤

(1) 开启阀门 6 冲洗滤层 1min。

(2) 关闭阀门 6，开启阀门 5、7，快滤 5min 使砂面保持稳定。

(3) 调节阀门 5、7，使过滤柱中滤速为 4m/h，即出水流量约 31.4L/h，待测压管中水位稳定后，记下滤柱最高和最低两根测压管中的水位值。测出水浊度。

(4) 调节进出水阀门，增大过滤水量，重复上面操作，分别测出最高和最低两根测压管中的水位值。

(5) 操作同上，依次增大过滤水量，记下不同水量时滤柱最高和最低两根测压管中的水位值。

3. 滤层反冲洗实验步骤

(1) 量出滤层厚度 L_0，慢慢开启反冲洗进水阀门 6，使滤层刚刚膨胀起来，待滤层表面稳定后，记录反冲洗流量和滤层膨胀后的厚度 L_1，测反冲洗出水浊度。

(2) 改变反冲洗流量 $6\sim8$ 次，测出反冲洗流量和滤层膨胀后的厚度 L。例如，可以开大反冲洗进水阀门 6，依次改变反冲洗强度为 $6\text{L}/(\text{s}\cdot\text{m}^2)$、$9\text{L}/(\text{s}\cdot\text{m}^2)$、$12\text{L}/(\text{s}\cdot\text{m}^2)$、$14\text{L}/(\text{s}\cdot\text{m}^2)$、$16\text{L}/(\text{s}\cdot\text{m}^2)$，使反冲洗流量依次改变为 $0.17\text{m}^3/\text{h}$、$0.255\text{m}^3/\text{h}$、$0.34\text{m}^3/\text{h}$、$0.40\text{m}^3/\text{h}$、$0.45\text{m}^3/\text{h}$，并依次测得滤层膨胀后的厚度 L。

(3) 停止反冲洗，使水泵断电，关闭阀门，结束实验。

4.3.5 实验数据处理与分析

1. 过滤过程

（1）将过滤时所测流量、测压管水头损失填入表 4-5。

（2）以流量 Q 为横坐标，水头损失 h 为纵坐标，绘制实验曲线，或绘制滤速 v 与水头损失 h 的关系曲线。

（3）绘制滤速与出水浊度关系图。

表 4-5　清洁砂层过滤水头损失、出水浊度实验记录表

滤柱截面面积 $S=$ _____ cm^2；原水浊度 $=$ _____。

流量 $Q/$ (mL/s)	滤速 V		实验水头损失			出水浊度/度
	$(Q/S)/$(cm/s)	$(36Q/S)/$(m/h)	测压管水头/cm		$h=h_b-h_a$/cm	
			h_b	h_a		
$Q_1=$						
$Q_2=$						
$Q_3=$						
$Q_4=$						
$Q_5=$						
$Q_6=$						

注：S 为滤柱截面面积；h_b 为最高测压管水位值；h_a 为最低测压管水位值。

2. 滤层反冲洗

（1）将反冲洗流量变化情况、膨胀后砂层厚度填入表 4-6；

（2）以反冲洗强度为横坐标，砂层膨胀度为纵坐标，绘制实验曲线。

表 4-6　滤层反冲洗强度与膨胀后砂层厚度实验记录表

反冲洗前滤层厚度 $L_0=$ _____ cm。

反冲洗流量 $Q/$ (mL/s)	反冲洗强度$(Q/S)/$ (L/s·m^2)	膨胀后砂层厚度 $L/$ cm	砂层膨胀度 $e=\dfrac{L-L_0}{L}\times100\%$
$Q_1=$			
$Q_2=$			
$Q_3=$			
$Q_4=$			
$Q_5=$			
$Q_6=$			

4.3.6　注意事项

（1）在过滤实验前，滤层中应保持一定水位，不要把水放空，以免过滤实验时测压管中积存空气。

（2）反冲洗滤柱中滤料时，不要使进水阀门开启过大，应缓慢打开以防滤料冲出柱外。

（3）反冲洗时，为了准确地量出砂层的厚度，一定要在砂面稳定后再测量。

4.3.7　思考题

（1）滤层内有空气泡时对过滤、反冲洗有何影响？

（2）反冲洗强度为何不宜过大？

4.4　静态活性炭吸附实验

4.4.1　实验目的

（1）通过实验进一步了解活性炭的吸附工艺及性能，并熟悉整个过程的操作。

（2）掌握用间歇法确定活性炭处理污水时设计参数的方法。

4.4.2　实验原理

活性炭吸附就是利用活性炭的固体表面对水中一种或多种物质的吸附作用，来达到净化水质的目的。

活性炭对水中所含杂质的吸附既有物理吸附现象，也有化学吸着作用。有一些被吸附物质先在活性炭表面上积聚浓缩，继而进入固体晶格原子或分子之间被吸附，还有一些特殊物质则与活性炭分子结合而被吸附。

当活性炭对水中所含杂质进行吸附时,水中的溶解性杂质在活性炭表面积聚而被吸附,同时也有一些被吸附物质由于分子的运动而离开活性炭表面,重新进入水中,即在吸附的同时存在解吸现象。当吸附和解吸处于动态平衡状态时,称为吸附平衡,此时被吸附物质在溶液中的浓度称为平衡浓度。这时活性炭和水(即固相和液相)之间的溶质浓度具有一定的分布比值。活性炭的吸附能力以吸附量 q_e 表示。假设在一定压力和温度条件下,用 m(单位:g)活性炭吸附溶液中的溶质,被吸附的溶质为 x(单位:mg),则单位质量的活性炭吸附溶质的数量 q_e 即为吸附容量。活性炭的吸附能力以吸附容量 q_e 表示。

$$q_e = \frac{x}{m} = \frac{V(C_0 - C_e)}{m} \tag{4-3}$$

式中,q_e——活性炭吸附量,即单位质量的活性炭所吸附的物质质量,mg/g;

x——被吸附物质质量,mg;

m——活性炭投加量,g;

V——水样体积,L;

C_0、C_e——吸附前原水及吸附平衡时污水中的被吸附物质浓度,mg/L。

q_e 的大小除了取决于活性炭的品种之外,还与被吸附物质的性质、浓度、水的温度及pH 值有关。在温度一定的条件下,活性炭吸附量随被吸附物质平衡浓度的提高而提高,两者之间的变化曲线称为吸附等温线,通常用费兰德利希(Freundlich)经验式加以表达:

$$q_e = KC_e^{\frac{1}{n}} \tag{4-4}$$

式中,q_e——活性炭吸附量,mg/g;

C_e——被吸附物质的平衡浓度,mg/L;

K、n——与活性炭种类、温度、被吸附物质性质有关的常数,$n > 1$。

通常用图解方法求 K、n 的值。为了方便易解,往往将上式变换成线性对数关系式:

$$\lg q_e = \lg K + \frac{1}{n}\lg C_e \tag{4-5}$$

通过吸附实验测得相应的 q_e、C_e 值,绘制到对数坐标纸上得到直线,即可求得斜率为 $\frac{1}{n}$,截距为 $\lg K$,从而可求得活性炭的等温吸附线的系数 K、n,并可以绘制出活性炭吸附等温线。

4.4.3 实验设备与试剂

1. 设备

(1) 恒温振荡器;

(2) 电子天平,精度 0.0001g;

(3) 分光光度计;

(4) 烘箱;

（5）温度计；

（6）250mL 三角烧瓶 8 个，100mL 烧杯 8 个，移液管，漏斗，漏斗架，滤纸。

2. 试剂

（1）粉末状活性炭；

（2）亚甲基蓝溶液。

4.4.4　实验步骤

（1）活性炭的准备

将活性炭粉末用蒸馏水洗去细粉，并在 105℃ 温度下烘至恒量。

（2）绘制亚甲基蓝溶液标准曲线

① 配置 10mg/L 亚甲基蓝标准溶液 100mL：取 1mg 亚甲基蓝粉末溶于水中，用 100mL 容量瓶定容至 100mL。

② 在不同波长 λ 下，用分光光度计测定标准溶液的吸光度值 A，确定吸光度和波长之间的关系 λ-A。

③ 确定产生最大吸光度时的波长 λ_{max}，即为实验用波长（660nm）。

④ 取 2mL、6mL、10mL、14mL、18mL、22mL 的亚甲基蓝标准溶液，用比色管定容到 25mL，用分光光度计测得吸光度。

⑤ 绘制吸光度和亚甲基蓝溶液浓度之间的关系曲线，即标准曲线。

（3）配置实验用 100mg/L 浓度亚甲基蓝溶液 1L：取 100mg 亚甲基蓝粉末溶于水中，用 1000mL 容量瓶定容至 1L。

（4）在 8 个 250mL 的三角烧瓶中分别投加 10mg、20mg、40mg、60mg、80mg、100mg、120mg 粉末状活性炭，再分别加入 100mL 亚甲基蓝溶液。

（5）测定水温（25℃），将三角烧瓶放在振荡器上振荡，计时振荡 1h。

（6）将振荡后的水样用漏斗和滤纸过滤，取滤出液 50mL（过滤到 50mL 比色管中，注意初滤液约 10mL 倒掉）。

（7）用分光光度计测定滤出液的吸光度。

（8）在标准曲线上查出对应的亚甲基蓝浓度。

4.4.5　实验数据处理与分析

1. 记录数据

将实验数据记录于表 4-7 和表 4-8 中。

表 4-7　标准曲线实验记录

初始记录	标准溶液浓度：＿＿＿ mg/L；温度：＿＿＿ ℃						
加入标准溶液量/mL	0	2	6	10	14	18	22
测定吸光度 A							

表 4-8　静态活性炭吸附的原始记录

初始记录	温度：＿＿＿℃；亚甲基蓝溶液浓度：＿＿＿ mg/L；溶液体积：＿＿＿mL							
活性炭投加量 m/mg	0	10	20	40	60	80	100	120
滤出液吸光度 A								
使用仪器设备参数								

2. 绘制亚甲基蓝溶液标准曲线

（1）将实验数据整理并记录于表 4-9 中。

表 4-9　标准曲线实验记录整理

初始记录	标准溶液浓度：＿＿＿ mg/L；温度：＿＿＿ ℃							
加入标准溶液量/mL	0	2	6	10	14	18	22	30
亚甲基蓝溶液浓度 C/(mg/L)								
测定吸光度 A								
修正吸光度 A'								

（2）以亚甲基蓝溶液浓度 C 为横坐标，修正后吸光度 A' 为纵坐标，绘制标准曲线 A'-C 曲线。

3. 绘制吸附等温线

（1）根据修正吸光度 A'，在标准曲线上查得对应的亚甲基蓝溶液浓度 C_e，计算亚甲基蓝的吸附量 q_e，分别计算 $\lg C_e$、$\lg q_e$，并记录于表 4-10 中。

表 4-10　静态活性炭吸附的实验数据整理

初始亚甲基蓝溶液浓度 C_0：＿＿＿ mg/L；溶液体积 V：＿＿＿L								
活性炭投加量 m/mg	0	10	20	40	60	80	100	120
滤出液吸光度 A								
滤出液修正吸光度 A'								
滤出液亚甲基蓝溶液浓度 C_e/(mg/L)								
活性炭吸附量 q_e/(mg/g)								
$\lg C_e$								
$\lg q_e$								

（2）绘制 $\lg q_e$-$\lg C_e$ 关系曲线,其斜率为 $\dfrac{1}{n}$,截距为 $\lg K$,求得 n 和 K。

4.4.6　思考题

（1）吸附等温线有什么现实意义? 作吸附等温线时为什么要用粉状炭?
（2）活性炭投加量对于吸附平衡浓度的测定有什么影响,该如何控制?
（3）实验结果受哪些因素影响较大,该如何控制?

第5章

水污染控制的生物化学方法实验

知识目标：
- 掌握实验目的和原理。
- 熟悉并能完成实验步骤。
- 掌握数据处理方法。

技能目标：
- 培养独立完成实验的动手能力。
- 会相关指标或参数的测定方法。
- 会编写规范的实验报告。

5.1 曝气设备充氧能力测定

5.1.1 实验目的

（1）加深理解曝气充氧的原理及影响因素。

（2）掌握曝气设备清水充氧性能测定的方法。

（3）学会计算曝气设备氧的总转移系数 K_{La}、氧利用率 η、充氧能力等，会正确评价充氧设备的充氧能力。

5.1.2 实验原理

氧的供给是保证生化处理过程正常进行的主要因素之一,因而需通过实验测定氧的总转移系数 K_{La},评价曝气设备的充氧能力和动力效率,为合理地选择曝气设备提供理论依据。

常用的曝气设备分为机械曝气设备与鼓风曝气设备两大类,无论哪一种曝气设备,其充氧过程均属传质过程,氧传递机理为双膜理论。在氧传递过程中,阻力主要来自液膜,氧传递基本方程式为

$$\frac{dC}{dt} = K_{La}(C_S - C) \tag{5-1}$$

式中,$\dfrac{dC}{dt}$——液体中溶解氧浓度变化速率,mg/(L·min);

K_{La}——氧总转移系数,1/min 或 1/h;

$C_S - C$——氧传质推动力,mg/L;

C_S——液膜处饱和溶解氧浓度,mg/L;

C——液相主体中溶解氧浓度,mg/L;

其中,

$$K_{La} = \frac{D_L A}{Y_L W}$$

D_L——液膜中氧分子扩散系数,m^2/h;

Y_L——液膜厚度,m;

A——气液两相接触面积,m^2;

W——曝气液体体积,m^3。

由于液膜厚度 Y_L 和液体流态有关,而且实验中无法测定与计算,同样气液接触面积 A 的大小也无法测定与计算,故用氧总转移系数 K_{La} 代替。

将式(5-1)积分整理后得曝气设备氧总转移系数 K_{La} 计算式:

$$K_{La} = \frac{2.303}{t - t_0} \ln \frac{C_S - C_0}{C_S - C_t} \tag{5-2}$$

式中,K_{La}——氧总转移系数,1/min 或 1/h;

t_0,t——开始曝气和累计曝气的时间,min;

C_0——曝气开始时池内溶解氧浓度,mg/L,$t_0 = 0$ 时,$C_0 = 0$;

C_S——曝气池内液体饱和溶解氧值,mg/L;

C_t——曝气某一时刻 t 时,池内液体溶解氧浓度,mg/L。

由上式可见,影响氧总转移系数 K_{La} 的因素很多,除了曝气设备本身结构尺寸、运行条件以外,还与水质、水温等有关。为了进行互相比较,以及向设计、使用部门提供产品性能数据,故给出的产品充氧性能均为清水、标准状态下,即清水(一般多为自来水)在一个大气压、

20℃下的充氧性能。常用指标有氧总转移系数 K_{La}、充氧能力 Q_S、动力效率 E 和氧利用率 η。

　　曝气设备充氧性能测定实验,一种是采用间歇非稳态法,即实验时池水不进不出,池内溶解氧浓度随时间而变;另一种是采用连续稳态测定法,即实验时池内连续进出水,池内溶解氧浓度保持不变。

　　本实验采用非稳态测试方法,即注满所需水后,将待曝气之水以无水亚硫酸钠为脱氧剂、氯化钴为催化剂,脱氧至零后开始曝气,液体中溶解氧浓度逐渐提高(液体中溶解氧的浓度 C 是时间 t 的函数),曝气后每隔一段时间 t 取曝气水样,测其中的溶解氧浓度,从而利用上式计算 K_{La} 或以 $\ln\dfrac{C_S - C_0}{C_S - C_t}$ 为纵坐标、以时间 t 为横坐标,如下式所示:

$$\ln\frac{C_S - C_0}{C_S - C_t} = \frac{K_{La}}{2.303}t \tag{5-3}$$

在半对数坐标纸上绘图,所得直线斜率为 $\dfrac{K_{La}}{2.303}$。

5.1.3　实验设备与试剂

　　(1) 实验用曝气筒;

　　(2) 空气压缩机;

　　(3) 微孔扩散器;

　　(4) 转子流量计;

　　(5) 溶解氧测定仪;

　　(6) 秒表、温度计、移液管、烧杯;

　　(7) 无水亚硫酸钠;

　　(8) 氯化钴;

　　(9) 溶解氧分析所用药品。

　　将实验设备组装成如图 5-1 所示的充氧能力装置图。

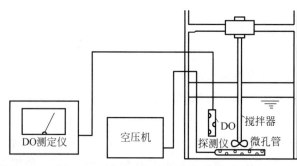

图 5-1　曝气设备充氧能力实验装置图

5.1.4 实验步骤

（1）向曝气筒内注入清水（自来水）约 1.2m，取水样测定水中溶解氧值，并计算池内溶解氧含量：$G = DO \times V$，$V = \pi d^2 H / 4$（DO 为溶解氧）。

（2）计算投药量：

① 脱氧剂采用无水亚硫酸钠。根据化学反应方程式 $2Na_2SO_3 + O_2 \Longrightarrow 2Na_2SO_4$，每次投药量为：$g = G \times 8 \times (1.1 \sim 1.5)$。$1.1 \sim 1.5$ 值是为脱氧安全而取的系数。

② 催化剂采用氯化钴，浓度为 0.1mg/L，投加量为 0.1V（单位：mg），将称得的药剂用温水化开，由池顶倒入池内，约 10min 后取水样，测其溶解氧 DO。

（3）当池内水脱氧至零后，打开空压机向曝气筒内充氧，同时开始计时，在时间为 1min、2min、5min、10min、15min、25min、40min 时分别取水样测定溶解氧值，直至水中溶解氧值不再增长为止（达到饱和），测定饱和溶解氧 C_S 值。

（4）记录空气流量、气温、水温。

（5）将原始数据记入表 5-1、表 5-2 中。

表 5-1　实验原始数据

扩散器形式	曝气筒直径/mm	有效水深/m	水温/℃	供气量/（m³/h）	气温/℃	无水亚硫酸钠用量/mg	氯化钴用量/mg

表 5-2　溶解氧（DO）记录表

时间/min							
溶解氧/（mg/L）							

5.1.5 实验数据处理与分析

（1）根据式(5-2)计算不同时刻的 $\ln[(C_S - C_0)/(C_S - C_t)]$，将计算数值填入表 5-3 中，并以 $\ln[(C_S - C_0)/(C_S - C_t)]$ 为纵坐标，以 t 为横坐标绘制曲线，通过图解计算斜率方法求出 K_{La} 值。

表 5-3　曝气充氧实验计算数据

序号	t/min	C_t/(mg/L)	$C_S - C_t$/(mg/L)	$\ln[(C_S - C_0)/(C_S - C_t)]$
1				
2				
3				
4				
⋮				

（2）计算标准状况下的氧总转移系数 $K_{La(20)}$：

$$K_{La(20)} = \frac{K_{La(T)}}{1.02^{(T-20)}}$$ (5-4)

此为经验公式，其中 1.02 为温度修正系数，T 为实验时的水温。

（3）实验条件下的供氧量：

$$S = 21\% \times 1.43Q_{(T)}$$
$$= 0.28Q_{(T)}(\text{kg/h}) = 0.28Q_{(T)} \times 10^6(\text{mg/h})$$ (5-5)

式中，$Q_{(T)}$——实验条件下 T（单位：℃）时的空气量，m^3/h。

（4）计算实验条件下的氧利用率：

$$E_A = \frac{R_0}{S} \times 100\%$$ (5-6)

$$R_0 = K_{La(T)}(C_S - C_0)V \quad (\text{mg/h})$$ (5-7)

（5）鼓风充氧能力：

$$O_S = \frac{dc}{dt} \times V = K_{La}(20) \times C_S \times V \quad (\text{kg/h})$$ (5-8)

5.1.6　思考题

（1）论述曝气在生物处理中的作用。

（2）试述曝气充氧的原理及其影响因素。

5.2　不同影响条件下活性污泥形态及生物相的观察

5.2.1　实验目的

（1）通过显微镜直接观察活性污泥菌胶团和原生动物，掌握用形态学的方法来判别菌胶团的形态、结构，并据此判别污泥的性状。

（2）掌握识别原生动物的种属以及用原生动物来简要评定活性污泥质量和净化污水效果的方法。

5.2.2　实验原理

活性污泥是指由细菌、菌胶团、原生动物、后生动物等微生物群体及吸附的污水中有机和无机物质组成的,有一定活力的,具有良好的净化污水功能的絮绒状污泥。除活性微生物外,活性污泥还挟带着来自污水的有机物、无机悬浮、胶体物。活性污泥中栖息的微生物以好氧微生物为主,是一个以细菌为主体,还有酵母菌、放线菌、霉菌以及原生动物和后生动物的群体。

活性污泥是活性污泥处理系统中的主体作用物质。在废水好氧生物处理中,不论采用何种处理构筑物及何种工艺流程,都是通过处理系统中活性污泥或生物膜微生物的新陈代谢作用,在有氧的条件下,将废水中的有机物氧化分解为无机物,从而达到废水净化的目的。处理后出水水质的好坏与组成活性污泥的微生物的种类、数量及其活性有关。

活性污泥中生物相较复杂,以细菌、原生动物为主,同时还有真菌、后生动物等。某些细菌能分泌胶黏物质形成菌胶团,进而组成污泥絮绒体(绒粒)。在正常的成熟污泥中,细菌大多集中于菌胶团絮绒体中,游离细菌较少,此时,污泥絮绒体可具有一定形状,结构稠密、折光率强、沉降性好。原生动物常作为污水净化指标,当固着型纤毛虫占优势时,一般认为污水处理效果较好。丝状微生物构成污泥絮绒体的骨架,少数伸出絮绒体外,当其大量出现时,常可造成污泥膨胀或污泥松散,使污泥池运转失常。当后生动物如轮虫等大量出现时,表明污泥极度衰老,净化处理效果差。

当运行条件和环境因素发生变化时,原生动物种类和形态也随之发生变化。通过观察菌胶团的形状、颜色、密度以及是否有丝状菌存在,还可以判断有无污泥膨胀的倾向等。因此,用显微镜观察菌胶团是监测处理系统运行的一项重要手段。本实验就是通过测定曝气池中的溶解氧浓度、pH 值、温度,来观察菌胶团的特征以考察不同条件下活性污泥形态及生物相动物变化。

5.2.3　实验设备与试剂

（1）有条件的情况下,本实验尽量在活性污泥法污水处理厂进行。若无条件,必须在实验室进行时,应建立相应的活性污泥系统,包括曝气池、沉淀池、曝气系统、污泥回流系统和进出水系统。

（2）普通光学显微镜、温度自动控制仪、载玻片、盖玻片等。

（3）酸度计。

（4）溶解氧测定仪。

5.2.4　实验步骤

对不同条件下的污泥进行取样，并从污泥形态和生物相两个方面进行分析。

（1）确认活性污泥处理系统的运行状况，测定并记录活性污泥系统的相关参数，如污泥负荷、溶解氧、温度、pH 值等。

（2）调试显微镜。

（3）从曝气池中取少许混合液，沉淀后取一滴加到干净载玻片的中央，盖上盖玻片。加盖玻片时应使其中央接触到水滴后才放下，以避免在片内形成气泡，影响观察。

（4）把载玻片放在显微镜的载物台上，将标本放到圆孔的正中央，转动粗准焦螺旋，对准焦距，进行观察。

（5）观察生物相全貌，注意污泥絮粒的大小、结构的松紧程度、菌胶团和丝状菌比例及生长情况，并加以记录和必要描述，观察微型动物种类、活动状况。

（6）进一步观察微型动物的结构特征，如纤毛虫的运动情况、菌胶团细菌的胶原薄厚及色泽、丝状菌菌丝的生长情况等，画出所见原生动物和菌胶团等微生物的形态草图。

5.2.5　实验数据处理与分析

（1）测定活性污泥系统的溶解氧、pH 值、温度，并记录。

（2）记录观察所取污泥的形态、结构，以及有无丝状菌、原生动物等情况。

（3）分析环境因素对污泥形态及生物相的影响。

5.2.6　思考题

（1）观测曝气池中的环境因素和生物相有何意义？

（2）丝状菌的大量繁殖对活性污泥处理系统有何危害？

5.3　活性污泥评价指标测定

5.3.1　实验目的

（1）加深对活性污泥评价指标的理解。

（2）掌握主要污泥性质指标的测定方法。

5.3.2　实验原理

活性污泥是活性污泥法中最重要的组成部分之一，活性污泥的质量直接影响处理效果，故对活性污泥的一些性质要经常进行测定。同时，通过活性污泥的某些性质的变化可以指导活性污泥法的运行。

活性污泥是人工培养的生物絮凝体，它是由好氧和兼氧微生物及其吸附的有机物和无机物组成的。活性污泥具有吸附和分解废水中有机物的能力，显示出生物化学活性。在活性污泥法处理系统的运行和管理中，除用显微镜观察外，SV、MLSS、MLVSS、SVI 等指标是要经常进行测定的。这些指标反映了污泥的活性，它们与剩余污泥排放量及处理效果等都有密切关系。

1. 污泥沉降比（SV）

曝气池中的混合液在沉降柱内静置 30min 后所形成的沉淀污泥体积占原混合液体积的百分比，称为污泥沉降比。根据污泥沉降比可控制剩余污泥的排放，还可及早发现污泥膨胀等异常现象。对于城市污水，SV 一般为 15%～30%。

2. 污泥浓度（MLSS）

污泥浓度又称混合液悬浮固体浓度，即在单位体积混合液中所有活性污泥固体物质的总质量（干重），单位为 g/L 或 mg/L。

3. 污泥指数（SVI）

污泥指数全称为"污泥体积指数"，指曝气池出口处混合液经 30min 静沉后，1g 干污泥所形成的沉淀污泥所占的体积。公式为

$$SVI = \frac{SV(\%)}{MLSS(g/L)} \quad (mL/g) \tag{5-9}$$

SVI 的单位为 mL/g，但一般都只标数字，把单位简化。SVI 值反映出活性污泥的凝聚沉淀性能，一般城市污水的 SVI 值介于 50～150 之间。SVI 值过低说明泥粒细小，无机物含量高，缺乏活性；SVI 值过高说明污泥沉降性能不好，可能已产生膨胀。不同废水的 SVI 值不同，若废水中溶解性有机物含量高，正常的 SVI 值可能偏高；若废水中无机物含量高，正常的 SVI 值可能偏低。

4. 混合液挥发性悬浮固体浓度（MLVSS）

混合液挥发性悬浮固体浓度是指混合液中的活性污泥中有机性固体物质的浓度，它包括微生物和有机物，单位为 g/L 或 mg/L。干污泥经灼烧（600℃）后剩下的灰分称为污泥灰分。

5.3.3　实验设备与试剂

（1）高温炉；
（2）过滤装置；
（3）分析天平；
（4）100mL 量筒、500mL 烧杯、玻璃棒等若干个；
（5）烘箱。

5.3.4　实验步骤

1. 测定污泥沉降比

实验时取 100mL 混合液置于 100mL 量筒中，静置 30min 后，观察沉降的污泥占整个混合液的体积比例。

2. 测定污泥浓度

（1）将滤纸放在 105℃烘箱内干燥至恒重，称量并记录（W_1）于表 5-4 中。
（2）将测定沉降比的 100mL 量筒内的污泥进行过滤（用水冲净量筒，并将冲洗水也倒入漏斗进行过滤），将载有污泥的滤纸放入 105℃烘箱内烘干至恒重，称量并记录（W_2）。
（3）计算污泥浓度：
$$MLSS = (W_2 - W_1) \times 10 \quad (g/L) \tag{5-10}$$

3. 计算污泥指数

利用公式(5-9)计算出 SVI 值。

4. 测定混合液挥发性悬浮固体浓度

（1）先将已知恒重的瓷坩埚称量并记录（W_3），再将测定过污泥干重的滤纸和干污泥一起放入瓷坩埚中，先在普通电炉上加热炭化，然后放入高温炉（600℃）中灼烧 40min，取出放入干燥器内冷却，称量（W_4）。

（2）计算：

$$污泥灰分 = (W_4 - W_3)/(W_2 - W_1) \tag{5-11}$$

$$MLVSS = \frac{(W_2 - W_1) - (W_4 - W_3)}{100} \times 1000 \quad (g/L) \tag{5-12}$$

一般情况下，MLVSS/MLSS 的比值是相对稳定的。对处理生活污水的曝气池内的活性污泥来说，其比值常在 0.75 左右。

5.3.5   实验数据处理与分析

（1）将测得数据记录于表 5-4 中。

（2）根据污泥指标数值，对污泥进行评价。

表 5-4   活性污泥性能测定表

项　　目	1	2	3	平均
W_1/g				
W_2/g				
$(W_2 - W_1)$/g				
W_3/g				
W_4/g				
$(W_4 - W_3)$/g				
SV/%				
MLSS/(g/L)				
MLVSS/(g/L)				
SVI/(mL/g)				

5.3.6   思考题

（1）活性污泥去除有机物的过程大致分为哪两个阶段？每个阶段有何特征？

（2）活性污泥沉降性能测定的意义是什么？

（3）活性污泥微生物增长分为哪几个阶段？其对指导活性污泥系统的运行有何意义？

（4）简述活性污泥法的几种运行方式。

（5）活性污泥法中的污泥负荷率是什么？

5.4　SBR 活性污泥处理工艺

5.4.1　实验目的

（1）熟悉 SBR 活性污泥法工艺各工序操作要点。
（2）加深对污水好氧生物处理和活性污泥法原理的理解。
（3）了解 SBR 活性污泥工艺的组成及工艺特点。
（4）熟练掌握常规水质指标——DO、pH 值、温度、COD 和 SV 的测定方法。
（5）了解有机负荷对有机物去除率及活性污泥增长率的影响。

5.4.2　实验原理

1. 污水好氧生物处理

污水好氧生物处理是指在有氧的条件下，利用好氧微生物氧化分解有机物，从而进行污水处理的过程。有机物好氧分解过程可用图 5-2 表示。

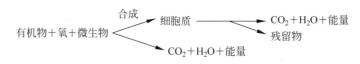

图 5-2　污水好氧生物处理原理示意图

2. 活性污泥法

活性污泥法是处理生活污水、城市污水以及有机性工业废水最常用的方法，它以悬浮在水中的活性污泥为主体，通过采取一系列人工强化、控制技术措施，使活性污泥微生物所具有的，对有机物氧化、分解为主体的生理功能得到充分发挥，从而达到对污水净化的目的。活性污泥法对有机污染物及氮的去除主要通过：初期吸附、氧化分解和沉淀3 个过程实现。

3. 间歇式活性污泥法

间歇式活性污泥法(sequencing batch reactor,SBR),又称序批式活性污泥法,是采用时间分割的操作方式替代空间分割的操作方式,以非稳态生化反应替代稳态生化反应,以静置理想沉淀替代传统的动态沉淀,它的主要特征是在运行上的有序和序批操作。SBR 系统的运行分 5 个阶段,即进水期、反应期、沉淀期、排水排泥期和闲置期(见图 5-3)。

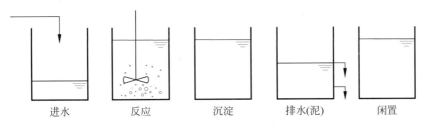

进水   反应   沉淀   排水(泥)   闲置

图 5-3   SBR 工艺曝气池运行工序示意图

进水期:将原污水或经预处理后的污水引入 SBR 反应器。充水时间根据处理规模和反应器容积及污水水质而定,一般为 1~4h,通水量一般为 SBR 反应器容积的一半。

反应期:SBR 反应器充满水后,进行曝气,如同连续式完全混合活性污泥法,对有机物进行生物降解。曝气时间取决于污水的性质、反应器中污泥浓度及曝气方式等因素,一般为 2~8h。

沉淀期:沉淀过程的功能是澄清出水,浓缩污泥。沉淀期所需的时间应根据污水的类型及处理要求具体确定,一般为 1~2h。

排水排泥期:将上清液排出反应器,将相当于反应过程中生长而产生的污泥量排出反应器,以保持反应器内一定数量的污泥,时间为 1~2h。

闲置期:在静置、无进水的条件下,使微生物通过内源呼吸作用恢复其活性,为下一运行周期创造良好的初始条件。

从进水到待进水的整个过程称为一个运行周期。在一个运行周期内,底物浓度、污泥浓度、底物的去除率和污泥的增长速率等都随时间不断地变化,因此,间歇式活性污泥法系统属于单一反应器内非稳定状态的运行。

可见,SBR 技术的核心是 SBR 反应池,该池集水质均化、初沉、生物降解、二沉等功能于一身,无污泥回流系统。正是 SBR 工艺的这些特殊性,使其具有以下优点。

(1) 理想的推流过程(流态上属于完全混合式,有机物降解方面是随时间变化的推流式)使生化反应推动力增大,效率提高,池内厌氧、好氧处于交替状态,净化效果好。

(2) 运行效果稳定,污水在理想的静止状态下沉淀,需要时间短、效率高,出水水质好。

(3) 耐冲击负荷,池内有滞留的处理水,对污水有稀释、缓冲作用,可有效抵抗水量和有机污物变化的冲击。

(4) 工艺过程中的各工序可根据水质、水量进行调整,运行灵活。

（5）处理设备少，构造简单，便于操作和维护管理。

（6）反应池内存在 DO、BOD_5 浓度梯度，可有效控制活性污泥膨胀。

（7）SBR 系统本身也适合于组合式构造方法，利于污水处理厂的扩建和改造。

（8）脱氮除磷。适当控制运行方式，可实现好氧、缺氧、厌氧状态交替，具有良好的脱氮除磷效果。

（9）工艺流程简单、造价低。主体设备只有一个序批式反应器，无二沉池、污泥回流系统，调节池、初沉池也可省略，布置紧凑、占地面积省。

5.4.3　实验仪器与试剂

（1）SBR 实验装置：由进水箱、SBR 反应池、进水泵、水位控制器、空气泵、曝气头、PLC 控制器等组成。具体设备搭建如图 5-4 所示。

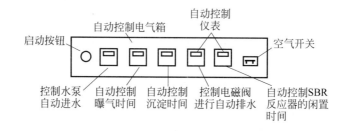

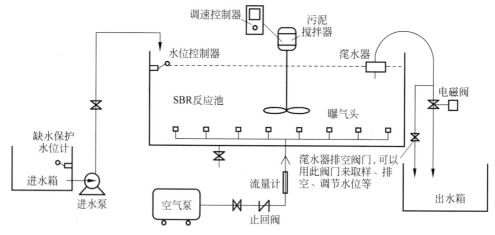

图 5-4　SBR 反应器搭建示意图

（2）COD 测定装置：快速 COD 测定仪一台；COD 消解装置一台；消解用试管若干；COD 快速测定所需药剂若干；刻度滴管 0.5mL、1mL、2mL、5mL、10mL 各 1 支；吸耳球 1 个；100mL 容量瓶 2 个。

（3）污泥 SVI、悬浮固体浓度测定装置及设备：100mL 量筒 4 支（用于取混合液）；布氏漏斗及 500mL 抽滤瓶 1 套；镊子 1 支；洗瓶 1 个；微滤膜若干片；水环真空泵 1 台；

250mL 烧杯 4 个；陶瓷干燥皿 1 个；烘箱 1 台；分析天平 1 台。

（4）取城市污水处理厂进水口处污水作为处理污水，取其回流泵房污泥作为接种污泥。

5.4.4　实验步骤

1. 设备的启动和运行

首先，熟悉 SBR 实验演示装置所有设备的作用及管路的连接方法，以及相互之间的关系，了解装置的工作原理。在此基础上，开始实验装置的启动和运行。

1）管路、设备检查及清水实验

在装置开始运行前先对装置中的管路、设备进行运行检查。连接好设备后在原水箱、反应器内加注清水，检查是否有漏水情况；手动运行各设备，检查设备运行过程中有无异响，观察设备运行是否平稳，曝气装置释放的气泡是否均匀。经检查，如设备正常则可进行连续运行检查。

根据实验目的，在触摸屏上分别设定进水、搅拌、曝气、沉淀、排水时间及循环次数等运行参数，使装置连续运行。

2）活性污泥的培养和驯化

取市政污水厂回流泵房污泥作为接种污泥，将污泥倒入 SBR 实验装置的反应池中，污泥体积占反应池有效体积的 $1/3 \sim 2/3$，加入自来水至最高有效液位。将 SBR 装置的控制选择为手动控制，打开曝气装置，空曝气 $1 \sim 2$ 天。

然后在原水箱配置低 COD 浓度（$100 \sim 150 \text{mg/L}$）的实验用水，也可直接采用稀释的生活污水或工业废水，根据废水的性质和处理程度控制 SBR 反应池缺氧搅拌时间、曝气时间、循环次数等运行参数，使设备连续运行。根据污泥沉降性能和出水水质情况，逐步增大进水 COD 浓度和进水水量，直到污泥性质稳定可以直接进入正常浓度污水（COD 浓度 $250 \sim 400 \text{mg/L}$）。

污泥驯化主要有两个目的：一是使活性污泥适应将要处理废水中的有机物；二是使污泥具有良好的沉降性能。装置运行稳定的标志是：①污泥浓度基本稳定；②有机物去除率基本稳定；③污泥沉降迅速。

2. SBR 自动控制设定

设定 SBR 各运行阶段不同的操作运行时间，观察不同运行状况下 SBR 各个阶段的运行情况。可使用清水观察实验装置运行情况。

1）常规活性污泥法

设定进水时间（1min）、搅拌时间（1min）、曝气时间（2min）、沉淀时间（1min）、排水时间（1min）。

2）预曝气活性污泥法

设定进水时间（1min）、预曝气时间（与进水同步1min）、曝气时间（2min）、沉淀时间（1min）、排水时间（1min）。

3）缺氧-曝气活性污泥法

设定进水时间（1min）、缺氧曝气与搅拌时间（与进水同步1min，曝气量控制溶解氧＜0.5mg/L）、曝气时间（2min）、沉淀时间（1min）、排水时间（1min）。

4）厌氧-缺氧-曝气活性污泥法

设定进水时间（1min）、搅拌时间（与进水同步1min，单独搅拌1min）、缺氧曝气与搅拌时间（1min，曝气量控制溶解氧＜0.5mg/L）、曝气时间（2min）、沉淀时间（1min）、排水时间（1min）。

3. 常规曝气 SBR 好氧活性污泥法运行实验

设定 SBR 运行程序为：进水时间5min、搅拌时间与进水时间同步5min、曝气时间140min、沉淀时间30min、排水时间5min。将驯化完成的活性污泥倒入 SBR 反应器，进入负荷运行实验。

4. 污泥性质及处理水质分析

设备进水之前取上一周期反应后的污泥100mL，测定污泥相关性质，对稳定运行后的反应器出水水质进行监测分析。

1）SV 及 SVI 指数测定

通常沉降性能的指标用污泥沉降比和污泥指数来表示。沉降比（SV）即100mL 曝气池出水混合液在量筒中静置30min 后，沉淀污泥的体积和混合液的体积（100mL）之比。污泥指数（SVI）的全称为"污泥体积指数"，是曝气池出口处混合液经30min 静沉后，1g 干污泥所形成的沉淀污泥所占的体积，以 mL 计，即

$$SV = \frac{\text{混合液 30min 静沉后污泥体积（mL）}}{100} \times 100\%$$

$$SVI = \frac{SV（\%）}{MLSS（g/L）}（mL/g）$$

2）污泥浓度测定

将布式漏斗、抽滤瓶及真空泵准备好后，将0.45μm 的微滤膜（已在烘箱内105℃下烘干至恒重，并称量其质量）放入布式漏斗中，用玻璃棒蘸蒸馏水将微滤膜浸湿，使其与布式漏斗完全贴合。打开真空泵，将反应器内的混合液100mL 缓慢倒入漏斗内，并用蒸馏水将量筒完全冲净，保证所有悬浮固体完全被微滤膜截留。将微滤膜连同污泥从漏斗中取出，放入通风烘箱中在105℃下烘干2h，取出称量并记录质量，再将其放入烘箱中继续烘干，直至微滤膜质量不再发生变化为止，记录其质量。

3）COD 测定

取测定污泥浓度剩下的抽滤液及反应器沉淀阶段上清液各 20mL,按照 COD 测定方法进行测定分析,计算反应器对废水中 COD 的处理效果。

5.4.5　实验数据处理与分析

1. SV 测定及污泥浓度测定

将污泥沉降性能和浓度测定数据记录、整理于表 5-5。

表 5-5　污泥沉降性能及浓度记录表

名称 样品	干微滤膜质量/ g	过滤后干滤膜 质量/g	过滤后溶液 体积/mL	污泥浓度 MLSS/ （mg/L）	沉降比 SV/%
反应后的混合液					

2. COD 去除率测定

每个样品的 COD 浓度测定两次,并记录测定数据,整理于表 5-6。

表 5-6　水质指标测定记录表

数值名称	原水 COD 浓度 /（mg/L）	反应器初始 COD 浓度 /（mg/L）	反应后 COD 浓度 /（mg/L）	去除率/%
1				
2				
平均值				

3. 实验结果分析

（1）计算取水样的 COD 去除率,污泥体积指数 SVI 及反应器的污泥负荷。

（2）通过反应前后的 MLSS 值,计算污泥增量。

（3）通过污泥增量计算污泥龄和污泥表观增长系数。

5.4.6　注意事项

（1）检查原水箱的液位。

（2）进行 COD 实验时注意不要将药品滴洒到皮肤上,避免硫酸飞溅。

（3）使用烘箱时要防止烫伤。

5.4.7　思考题

（1）SBR 运行工艺的特点有哪些？

（2）在本实验的条件下，如果实现连续操作，至少需要几个 SBR 反应器？如何设定流程？

（3）污泥表观增长系数的意义是什么？

（4）如果对脱氮除磷有要求，应该如何设计各阶段反应时间？

第 6 章

水污染控制仿真实验

知识目标：
- 掌握实验目的和原理。
- 熟悉实验内容和步骤。
- 学会实验方案设计的方法和实验数据的分析处理方法。
- 掌握计算机仿真实验操作流程。

技能目标：
- 培养独立完成实验的能力。
- 熟练掌握计算机仿真实验操作。
- 会撰写标准的实验报告。

环境工程的实验课教学具有十分重要的地位。然而，大部分环境工程实验实际运行周期长，花费的实验时间多，并且各校普遍存在环境工程实验的较大型设备台套数不足、专业课实验教学课时数紧张等问题。此时，采用计算机仿真实验，不仅可解决设备、时间和经费的不足，还大大地丰富了实验教学的内容。

水污染控制工程仿真实验是在计算机仿真软件提供的虚拟设备上，以直观、方便的操作方式控制操作画面所进行的过程模拟。仿真实验除了能作为学校解决实践环节的重要手段，以学生独立操作的方式，展现水污染控制工程的基础实验外，还能够深层次地揭示工程系统随时间动态变化的规律，进行全工况操作和学习。

本书仿真实验讲解以安徽工业大学研发的"水污染控制工程仿真实验 WEEfz_3.2 软件"为例。该软件提供了多种实验仿真，例如过滤实验、自由沉淀、絮凝沉淀、充氧实验和曝气设备效率测定、生物转盘污水处理、曝气生物滤池等。本章仅以压力溶气气浮实验、吸附实验和活性污泥法污水处理为例进行介绍。

6.1　压力溶气气浮仿真实验

6.1.1　实验目的

（1）进一步了解和掌握气浮净水方法的原理及其工艺流程。

（2）掌握气浮实验系统及设备，掌握压力溶气气浮的实验方法，通过实施气浮实验认识从废水中去除悬浮物的方法。

（3）学习"气固比""释气量"等基本参数的概念、实验技术和计算方法。

（4）了解在设计中需要确定哪些工艺装置参数和工艺运行参数，了解参数对去除效果的影响。

（5）了解实施"共聚气浮"时混凝剂添加对去除效果的影响，可以根据技术经济要求，确定适宜的混凝剂投加剂量。

6.1.2　实验原理与说明

压力溶气气浮法的原理是用水泵将清水（或气浮处理的水）抽送到压力为 0.2～0.4MPa 的溶气罐中，同时注入加压空气。空气在罐内溶解于加压的水中，然后使经过溶气的水通过减压阀进入气浮池，此时由于压力突然降低至 0.1MPa（常压），溶解于污水中的空气便以微气泡形式从水中释放出来。微细的气泡在上升的过程中附着于悬浮颗粒上，使颗粒密度减小，上浮到气浮池表面与液体分离。

1. 压力溶气气浮实验流程

压力溶气气浮法的工艺流程如图 6-1 所示，目前以部分回流式应用最广。加压溶气气浮法工艺主要由三部分组成，即加压溶气系统、溶气释放系统及气浮分离系统。

水中悬浮颗粒浓度越高，气浮时需要的微细气泡数量越多，通常以气固比（A/S）表示单位质量悬浮颗粒需要的空气量。气固比可以按照下式计算：

$$\frac{A}{S} = \frac{1.3 S_a (10.17 fP - 1) Q_r}{Q S_i} \tag{6-1}$$

式中：A/S——气固比，（释放的空气）g /（悬浮固体）g；

　　　S_i——入流废水中的悬浮固体浓度，mg/L；

　　　Q_r——加压水回流流量，L/d；

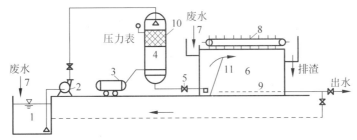

图 6-1　压力溶气气浮法的工艺流程(部分回流式)

1—吸水井；2—加压泵；3—空压机；4—压力溶气罐；5—减压释放阀；6—气浮池；

7—原水进水管；8—刮渣机；9—集水系统；10—填料层；11—隔板

Q——污水流量，L/d；

f——压力为 P 时水中空气溶解系数，通常取 0.5；

P——绝对压力，MPa；

1.3——1ml 空气在 0℃时的质量，mg；

S_a——给定水温的空气溶解度，cm^3/L。

气固比与操作压力、悬浮固体浓度及性质有关。在一定范围内，气浮效果随气固比的增加而增大，即气固比越大，出水中含悬浮固体浓度越低，浮渣的固体浓度越高。气固比不同，水中空气量不同，不仅影响出水水质和浮渣的含固率，也影响到成本费用。气固比一般为 0.005～0.06。当悬浮固体浓度较高时取上限，例如，剩余污泥气浮浓缩时，气固比一般采用 0.03～0.04。

悬浮颗粒的性质和浓度、微气泡的数量和直径、气浮处理构筑物的尺寸等多种因素都对气浮效率有影响，因此，气浮处理系统的设计运行参数常要通过实验确定。

2. 压力溶气实验装置和气浮操作流程

压力溶气气浮仿真实验的操作面板和操作流程分别如图 6-2 和图 6-3 所示。操作面板中以粉红底色显示的数值为控制量，以绿色为底色显示的数值为读出量。

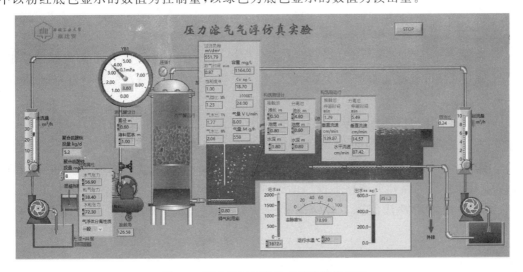

图 6-2　压力溶气气浮仿真实验操作面板

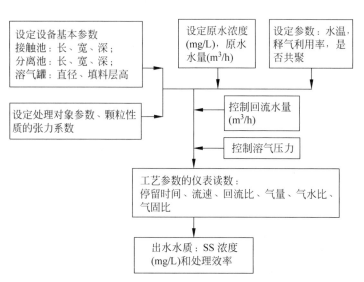

图 6-3　压力溶气气浮虚拟仪器的操作流程框图

　　控制面板上以溶气罐为中心,可分成左、中、右三个区域。中间部分为溶气罐相关参数,粉红底色的控制量需要加以赋值,是实验前需要确定的因素。通过对压力表压、溶气罐的直径、填料层高进行赋值,由虚拟仪器读出气量、气水比等参数。右侧上部反映了构筑物的性质,通过对接触池的长、宽、深,分离池的长、宽、深进行赋值,可以读出构筑物的运行参数。右侧下部是进、出水水质指标。左侧区域有进水流量、颗粒性质和是否使用混凝剂三个控制表盘。其中,颗粒性质反映了颗粒的吸附特性和分离特性,通过专门设计的实验可以获得这些系数并应用于水处理预测,这里可以使用默认值。仿真实验中通过调整介质间张力系数可观察到对气浮效果的影响。是否共聚气浮选择开关对应是否投入一定浓度聚铝絮凝剂后进行气浮的两种实验结果。在所有调控参数中,进水流量、回流水量、水温等是最主要的调控参数。释气利用率是指反应池内因释气头的不同造成气体利用率的差异,可按产品性能设定,或通过专门实验测定。

3. 工艺参数的调整和控制实验

　　根据对上述压力溶气气浮虚拟仪器的操作说明进行工艺参数的调整和控制实验。表 6-1 就是真实和仿真实验使用的实验记录表。注意仪器面板上分离池的垂直流速(单位:m/min)就是分离池负荷(单位:m³/(m²·min))。

　　例 6.1.1　压力溶气气浮虚拟仪器,考察处理水量对处理效果影响的仿真实验。

　　仿照实验室模型设备,设定设备基本参数为:接触池的长＝0.3m,宽＝0.5m,水深＝1.1m;分离池的长＝2.8m,宽＝0.5m,水深＝0.4m;溶气罐的直径＝0.2m,填料层高＝0.6m;共聚气浮开关选择不投药的普通气浮,释气利用率为0.8;颗粒性质和气浮体的分离特性采用默认值。实验结果如表 6-1 所示。处理水量对处理效果的影响如图 6-4 所示。

表 6-1 处理水量对压力溶气气浮工艺的影响

表压 2.5×100kPa，回流量 0.3m³/h，进水 SS 浓度 1000mg/L

处理水量/ (m³/h)	出水 SS 浓度/ (mg/L)	SS 去除率/ %	气水比/%	气固比/%	反应时间/ min	分离池负荷/ (0.01m³/(m² · min))
4	393.4	60.66	0.5	0.5	2.3	5.12
3.5	342.4	65.76	0.49	0.57	2.61	4.51
3.2	311.5	68.85	0.53	0.62	2.83	4.17
2.8	266.5	73.35	0.61	0.71	3.19	3.69
2.5	231.6	76.84	0.68	0.8	3.53	3.34
2	172.8	82.72	0.85	0.99	4.3	2.74
1.8	150.1	84.99	0.95	1.1	4.71	2.5
1.5	118.5	88.15	1.14	1.33	5.49	2.15
1.2	92.6	90.74	1.42	1.66	6.58	1.79
0.8	71.9	92.81	2.13	2.48	8.97	1.31

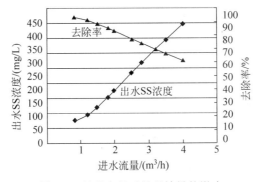

图 6-4 处理水量对处理效果的影响

例 6.1.2 压力溶气气浮虚拟仪器，考察回流水量对处理效果影响的仿真实验。

设备基本参数同例 6.1.1，处理水量 1.0m³/h，普通气浮，释气利用率为 0.8，颗粒性质和气浮体的分离特性采用默认值。

实验结果如表 6-2 所示。回流水量对处理效果的影响如图 6-5 所示。

表 6-2 回流水量对压力溶气气浮工艺的影响

表压 0.25mPa，处理流量 1.0m³/h，进水 SS 浓度 1000mg/L

回流水量/ (m³/h)	出水 SS 浓度/ (mg/L)	SS 去除率/ %	气水比/%	气固比/%	反应时间/ min	分离池负荷/ (0.01m³/(m² · min))
0.08	350.8	64.92	0.45	0.52	9.17	1.29
0.10	278.1	72.19	0.56	0.65	9.00	1.31
0.14	184.2	81.58	0.79	0.92	8.68	1.36
0.18	132.6	86.74	1.01	1.18	8.39	1.40
0.22	104.3	89.57	1.24	1.44	8.11	1.45
0.26	88.9	91.11	1.46	1.7	7.86	1.50
0.30	80.5	91.95	1.69	1.96	7.62	1.55
0.34	76.1	92.39	1.91	2.23	7.39	1.60
0.38	73.7	92.63	2.14	2.49	7.17	1.64
0.42	72.5	92.75	2.36	2.75	6.97	1.69

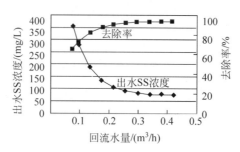

图 6-5 回流水量对处理效果的影响

<table>
<tr><td>**6.1.3**</td><td>**实施仿真实验**</td></tr>
</table>

实验 6.1.1 混凝剂浓度对出水水质的影响。

自行设计实验方案,完成实验记录,如表 6-3 所示。

表 6-3 混凝剂浓度对出水水质的影响实验记录

表压_____ mPa ,水温_____℃,进水 SS 浓度_____ mg/L,分离池负荷_____ m³/(m²·min),

回流量_____ m³/h,处理水量_____ m³/h,气固比_____%

实验号	1	2	3	4	5
聚铁浓度/(mg/L)					
聚铁日用量/(kg/d)					
出水 SS 浓度/(mg/L)					
去除率/%					

实验 6.1.2 影响气固比的相关参数和对出水水质的影响。

考虑如何用正交设计确定实验方案,完成实验记录,如表 6-4 所示。

表 6-4 气固比的相关参数和对出水水质的影响实验记录

聚铁浓度_____ mg/L

气浮接触池设计:长_____ m,宽_____ m,深_____ m

气浮分离池设计:长_____ m,宽_____ m,深_____ m

表压/mPa	水温/℃	处理水量/(m³/h)	回流量/(m³/h)	进水 SS 浓度/(mg/L)	释气利用率/%	气固比/%	去除率/%

实验 6.1.3 气浮池设计参数对出水水质的影响。

自行设计实验方案,完成实验记录,如表 6-5 所示。

表 6-5　气浮池设计参数对出水水质的影响实验记录

聚铁浓度_____ mg/L,进水 SS 浓度_____ mg/L,释气利用率_____%

气固比_____(M/M)%,处理水量_____ m³/h,回流量_____ m³/h

水温_____℃,表压_____ mPa

接触反应池				气浮分离池					去除率/%
宽/m	长/m	深/m	时间/min	宽/m	长/m	深/m	时间/min	负荷/(m³/m²·min)	

6.1.4　实验分析与讨论

(1) 气浮法与沉淀法有什么相同和不同之处?

(2) 仿真实验中溶气罐的直径和填料层高度并未表现出对实验有直接影响,这是因为假设溶气罐的出水中空气饱和了,那么事实上直径和填料层高度的不合理设计是否会影响溶气罐中空气的充分溶解? 为什么?

(3) 当选定了气固比和工作压力以及溶气效率时,如何推导出回流比 R 的公式?

(4) 气固比(质量比)的定义是什么? 已知原水 SS 浓度(单位: mg/L)和原水水量(单位: m³/h)如何求解固体质量? 计算理论释气量需要哪些已知条件?

6.2　吸　附　实　验

在相界面上,物质的浓度自动发生累积或浓集的现象称为吸附。吸附法主要是利用多孔性的固体物质,使水中的一种或多种物质被吸附在固体表面而将其去除的方法。用于吸附的固体物质称为吸附剂,被吸附去除的物质称为吸附质。活性炭作为典型的吸附剂,能有效地去除污水中大部分有机物和某些无机物,20 世纪 60 年代初起,欧美各国开始将其大量用于处理城市给水和工业废水,它现已成为水处理的有效手段。

6.2.1 实验目的

本实验采用活性炭或其他吸附剂的间歇和连续吸附方法,确定它们对水中所含某些杂质的吸附能力,希望达到下述目的。

(1) 通过实验加深理解活性炭吸附的基本原理。

(2) 掌握间歇式静态吸附实验方法。

(3) 使用实验数据,计算吸附容量 q;绘制吸附等温线,考察温度变化对吸附等温线的影响。

(4) 利用绘制的吸附等温线建立活性炭等吸附剂的吸附等温式,掌握模型和参数的确定方法。

(5) 比较活性炭、磺化煤、膨润土等不同类型吸附剂的吸附能力和吸附等温式属性。

(6) 掌握活性炭连续流处理废水的实验方法,观察动态吸附法处理出水水质变化规律。

(7) 用动态吸附法确定活性炭处理废水设计参数的方法。

6.2.2 实验原理与说明

活性炭的吸附过程包括物理吸附和化学吸附。其基本原理就是利用活性炭的固体表面对水中一种或多种物质的吸附作用,以达到净化水质的目的。活性炭的吸附作用产生于两个方面,一是由于活性炭内部分子在各个方向都受着同等大小的力,而在表面的分子则受到不平衡的力,这就使被吸附物质的分子能被吸附于其表面上,此为物理吸附;另一个是由于活性炭与被吸附物质之间的化学作用,此为化学吸附。活性炭的吸附是上述两种吸附综合作用的结果。

1. 静态吸附实验

在水不流动的条件下进行的操作称为静态吸附操作。因此静态实验是一种使用间歇方式,在烧杯内进行吸附操作,获得吸附质平衡浓度的实验方法。

当活性炭在溶液中的吸附速度和解吸速度相等时,即单位时间内活性炭吸附的数量等于解吸的数量时,被吸附物质在溶液中的浓度和在活性炭表面的浓度均不再变化,而达到了平衡,此时的动平衡称为活性炭吸附平衡,而此时被吸附物质在溶液中的浓度称为平衡浓度。活性炭吸附能力用吸附容量 q 表示:

$$q = \frac{(C_0 - C)V}{M} \tag{6-2}$$

式中,q——活性炭吸附量,即单位质量的吸附剂所吸附的物质量,mg/g;

V——污水体积,L;

C_0、C——吸附前原水及吸附平衡时污水中的物质浓度,mg/L;

M——活性炭投加量，g。

q 的大小除了取决于吸附剂的品种之外，还与被吸附物质的性质、浓度、水的温度及 pH 值有关。一般说来，当被吸附的物质能够与吸附剂发生结合反应、被吸附物质又不容易溶解于水而受到水的排斥作用，且吸附剂对被吸附物质的亲和作用力强、被吸附物质的浓度又较大时，q 值就比较大。吸附剂的吸附量随被吸附物质平衡浓度的提高而提高，两者之间的变化曲线称吸附等温线，通常用费兰德利希(Fruendlieh)或朗缪尔(Langmuir)型经验式表达其函数关系。

弗兰德利希型函数关系写作

$$q = KC^{\frac{1}{n}} \tag{6-3}$$

式中，C 是以 g/L 为单位的被吸附物质平衡浓度；q 的单位是 mg/g。

为了便于根据实验确定参数，两边取对数后得

$$\lg q = \lg K + \frac{1}{n}\lg C \tag{6-4}$$

朗缪尔型函数关系写作

$$q = \frac{abC}{1 + aC} \tag{6-5}$$

写成倒数形式为

$$\frac{1}{q} = \frac{1}{ab}\frac{1}{C} + \frac{1}{b} \tag{6-6}$$

2. 动态吸附实验

由于间歇式静态吸附法处理能力低，需要的设备多，故在工程中多采用连续流活性炭吸附法，即活性炭动态吸附法，实验装置如图 6-6 所示。

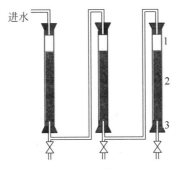

图 6-6　活性炭连续流吸附实验装置示意图

1—有机玻璃管；2—活性炭层；3—单孔橡皮塞

采用连续流方式的活性炭层吸附性能通常遵循勃哈特和亚当斯(Bohart & Adams)公式：

$$\ln\left(\frac{C_0}{C_e} - 1\right) = \ln\left[\exp\left(\frac{KN_0h}{v}\right) - 1\right] - KC_0 t \tag{6-7}$$

式中，t——工作时间，h；

v——流速，m/h；

h——活性炭层厚度，m；

K——速度常数，L/(mg·h)；

N_0——吸附容量，即达到饱和时被吸附物质的吸附量，mg/L；

C_0——进水中被吸附物质浓度，mg/L；

C_e——允许出水溶质浓度，mg/L；

当工作时间 $t=0$ 时，能使出水溶质小于 C_e 的炭层理论高度称为活性炭层的临界高度，其值可在上式中令 $t=0$ 导出：

$$H_0 = \frac{V}{KN_0}\ln\left(\frac{C_0}{C_e}-1\right) \tag{6-8}$$

6.2.3　实验装置和操作流程

吸附仿真实验的虚拟设备面板和操作流程分别如图 6-7 和图 6-8 所示。

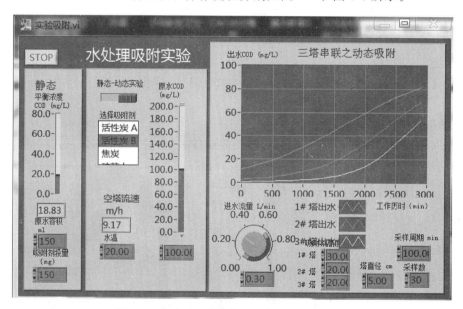

图 6-7　水处理吸附仿真实验的虚拟设备面板

6.2.4　仿真实验示例

例 6.2.1　活性炭 A 静态吸附实验和吸附等温线。

以活性炭 A 为对象，改变实验水温，绘制吸附等温线。按照每次增加质量 50mg 的方法，分别依次投入活性炭 A，并确定 COD 的平衡浓度，完成实验数据表如表 6-6 所示，根据式(6-2)求出吸附量后填入表 6-6 的右部。

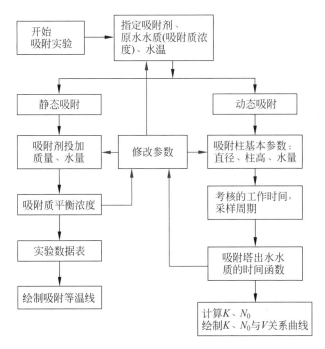

图 6-8 吸附仿真实验的操作流程图

根据实验数据绘制出"活性炭 A 对于 COD"在水温 10℃、15℃、25℃下的吸附等温线如图 6-9 所示。

表 6-6 静态吸附实验平衡浓度的实验记录

吸附剂的种类活性炭 A；原水浓度 125mg/L；原水量 150mL

序号	投加量/mg	平衡浓度/(mg/L)			吸附量/(mg/g)		
		10℃	15℃	25℃	10℃	15℃	25℃
1	50	64.83	66.35	69.31	180.51	175.95	167.07
2	100	33.13	34.66	37.79	137.81	135.51	130.82
3	150	17.72	18.83	21.20	107.28	106.17	103.80
4	200	10.22	10.97	12.60	86.09	85.52	84.30
5	250	6.36	7.50	7.98	71.18	70.50	70.21
6	300	4.21	5.20	5.35	60.40	59.90	59.83
7	350	2.94	3.19	3.76	52.31	52.20	51.96
8	400	2.14	2.33	2.75	46.07	46.00	45.84

例 6.2.2 不同吸附剂的静态吸附实验和吸附等温式中吸附参数的确定。

分别进行活性炭 A、活性炭 B、焦炭、硅藻土、磺化煤等五种吸附剂的静态吸附实验,测得在 15℃ 的平衡浓度并计算出相应的吸附量,如表 6-7 所示。绘制五种吸附剂在水温 15℃ 时的吸附等温线,如图 6-10 所示。

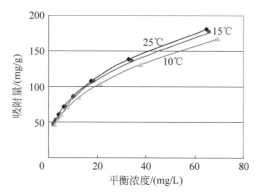

图 6-9　活性炭 A 静态吸附 COD 的吸附等温线

表 6-7　五种吸附剂静态实验的平衡浓度和吸附量

原水浓度 125mg/L；原水量 150mL；测定水温 15℃

序号	投加量/mg	平衡浓度/(mg/L)					吸附量/(mg/g)				
		活性炭 A	活性炭 B	焦炭	硅藻土	磺化煤	活性炭 A	活性炭 B	焦炭	硅藻土	磺化煤
1	50	66.35	67.65	79.14	82.87	95.74	176	172	138	126	88
2	100	34.66	34.34	48.71	55.22	74.08	136	136	114	105	76
3	150	18.83	20.14	29.71	38.75	57.71	106	105	95	86	67
4	200	10.97	13.76	18.46	29.01	45.43	86	83	80	72	60
5	250	6.86	10.35	11.83	22.9	36.2	71	69	68	61	53
6	300	4.56	8.26	7.96	18.81	29.24	60	58	59	53	48
7	350	3.19	6.87	5.54	15.92	23.93	52	51	51	47	43
8	400	2.33	5.87	4.00	13.78	19.84	46	45	45	42	39

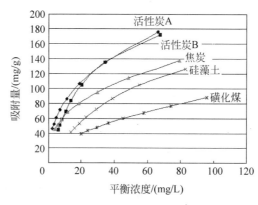

图 6-10　五种吸附剂在水温 15℃ 时的吸附等温线

　　以活性炭 B 和焦炭为例,使用 Excel 对实验记录表进行进一步的数据处理。分别对平衡浓度 C 和吸附量 q 取对数,画出双对数图形如图 6-11 所示,对平衡浓度 C 和吸附量 q 取倒数,画出朗缪尔型吸附等温线的倒数形式图形如图 6-12 所示,在图 6-11 和图 6-12 中分别对两个数据系列添加趋势线,并显示公式和相关系数 R^2。根据相关系数可以判断焦炭的吸附性质为弗兰德利希型,活性炭 B 遵循朗缪尔型函数。对照弗兰德利希型函数导出的关系式(6-4)和朗缪尔型函数导出的关系式(6-6),解出焦炭的弗兰德利希吸附常数 $n=2.688$, $K=27.021$;活性炭 B 的朗缪尔吸附常数 $a=0.0407, b=232.56$。

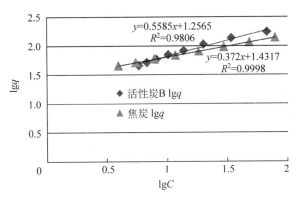

图 6-11　弗兰德利希型函数的双对数图形

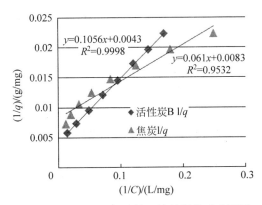

图 6-12　朗缪尔型吸附等温线的倒数形式图形

例 6.2.3　由连续流动态吸附实验确定吸附塔设计参数。

进行活性炭 A 吸附剂的动态吸附,水流量 0.30L/min,原水浓度 100mg/L,采样周期 100min,测得实验结果如表 6-8 所示。

动态吸附通常遵循 Bohart & Adams 公式:

$$\ln\left(\frac{C_0}{C_e}-1\right)=\ln\left[\exp\left(\frac{KN_0h}{v}\right)-1\right]-KC_0t$$

式中,C_0、h、v 均为已知;根据一塔出水浓度的动态数据,将 C_0t 视为自变量,将 $\ln(C_0/C_e-1)$ 视为因变量,绘制函数关系图,如图 6-13 所示。其线性回归结果为

$$\ln\left[\exp\left(\frac{KN_0h}{v}\right)-1\right]=2.0335, \quad -K=-0.7212$$

解得

$$K=0.7212\text{m}^3/(\text{kg}\cdot\text{h}), \quad N_0=91.4\text{kg/m}^3$$

整个测定过程的工作历时为 4000min,计 66.7 h,因此整个测定实验需要经历较长时间。

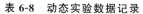

表 6-8　动态实验数据记录

吸附剂<u>活性炭 B</u>；装填高度 <u>30cm</u>；水流量 <u>0.30L/min</u>；吸附塔的内径 <u>5cm</u>；

原水浓度 <u>100mg/L</u>；水温 <u>20℃</u>

时间/min	一塔出水浓度/(mg/L)	时间/h	$C_0 t$	$\ln(C_0/C_e - 1)$
0	12	0.00	0.00	1.992
500	19	8.33	0.83	1.450
1000	30	16.67	1.67	0.847
1500	44	25.00	2.50	0.241
2000	59	33.33	3.33	−0.364
2500	72	41.67	4.17	−0.944
3000	83	50.00	5.00	−1.586
3500	90	58.33	5.83	−2.197
4000	94	66.67	6.67	−2.752

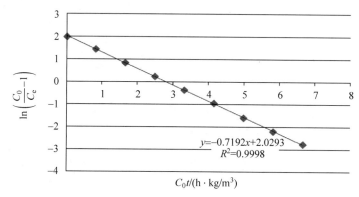

图 6-13　$C_0 t$ 和 $\ln(C_0/C_e - 1)$ 的函数关系图

例 6.2.4　进行连续流动态吸附实验。固定原水流量、进水浓度，改变吸附剂高度达到确定出水浓度所需要的时间，绘制 t-h 函数图。

进行活性炭 A 吸附剂的动态吸附仿真实验，结果如表 6-9 所示。根据表 6-9 中不同吸附层高下出水浓度达 40mg/L 时的实验数据，对照 Bohart & Adams 动态吸附的近似公式得

$$t = \frac{N_0}{C_0 v} h - \frac{1}{C_0 K} \ln\left(\frac{C_0}{C_e} - 1\right) \qquad (6-9)$$

工作时间为零时，保证出水吸附质浓度不超过允许浓度的吸附剂层理论高度称为临界高度 h_0。如图 6-14 所示，吸附剂高度与达到出水浓度时间函数的回归结果为

$$\frac{1}{C_0 K} \ln\left(\frac{C_0}{C_e} - 1\right) = 10.77, \qquad \frac{N_0}{C_0 v} = 4.61$$

$$h_0 = \frac{v}{N_0 K} \ln\left(\frac{C_0}{C_e} - 1\right) = \frac{10.77}{4.61} \text{m} \approx 2.33\text{m}$$

表 6-9　不同吸附层高的动态实验数据记录

吸附剂<u>活性炭 A</u>；水温 <u>20℃</u>；吸附塔的内径 <u>20cm</u>；流量 <u>80L/min</u>；
计空塔流速 <u>153m/h</u>；原水浓度 <u>180mg/L</u>；出水浓度达 <u>40mg/L</u> 的时间

装 填 高 度		时 间	
单位：cm	单位：m	单位：h	单位：min
350	3.5	5.33	320
340	3.4	4.92	295
320	3.2	4.08	245
300	3.0	3.00	180
280	2.8	2.17	130
260	2.6	1.17	70
240	2.4	0.33	20

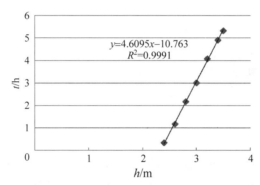

图 6-14　吸附剂高度与达到出水浓度时间函数图

6.2.5　实施仿真实验

实验 6.2.1　活性炭 B 的静态吸附实验和吸附等温线。

设置选项卡：静态吸附，原水水量 300mL，吸附对象为浓度值 162mg/L 的 COD 原水，吸附剂的品种为"活性炭 B"，实验水温设置为 12℃、18℃、28℃，按照每次增加质量 100mg 的方法，分别依次投入不同质量"活性炭 B"，并确定 COD 的平衡浓度，完成如表 6-6 所示实验记录表，完成吸附量数据计算。根据实验数据绘制出"活性炭 B 对于 COD"在水温 12℃、18℃、28℃下的吸附等温线图。

实验 6.2.2　根据实验 6.2.1 的结果判断活性炭 B 的吸附等温式更符合哪种模型，吸附参数是多少？

实验 6.2.3　自主设定实验参数测定判断"硅藻土"和"磺化煤"的吸附等温式更符合哪种模型，吸附参数是多少？

实验 6.2.4　由连续流动态吸附实验确定吸附塔设计参数。

使用 1♯ 吸附柱进行活性炭 B 吸附剂的动态吸附实验：原水浓度 180mg/L，水温 26℃，吸附塔的内径 25cm,处理流量 20L/min,装填高度 90cm,完成实验记录。

实验 6.2.5　由连续流动态吸附实验确定活性炭 B 的吸附剂层临界高度。

设置选项卡:吸附剂为活性炭 B,原水浓度为 138mg/L,水温为 18℃,吸附塔的内径为 22cm,处理流量为 18L/min,自主设定吸附剂层不同装填高度的实验方案,测定出水浓度达 30mg/L 所需的时间。参照例 6.2.4,使用 1♯吸附柱进行吸附剂的动态吸附实验,并计算给定条件下活性炭 B 的吸附剂层临界高度。

实验 6.2.6　由三塔连续流动态吸附实验确定吸附塔设计参数。

使用三个吸附柱串联进行连续流动态吸附实验,吸附剂为焦炭,三个吸附柱装填高度分别为 150cm、130cm、150cm,原水浓度为 145mg/L,水温为 22℃,吸附塔的内径为 24cm,处理流量为 28L/min,设置采样周期为 40min,采样数为 50,观察获得的三塔连续流动态吸附函数图。在图中读出 1♯、2♯和 3♯吸附柱出水分别达到 15mg/L 的时间,并根据它们推算吸附塔的设计参数。

6.2.6　实验分析与讨论

(1)如何根据实验数据选择一种经验公式作为其适用的吸附等温式,又应如何确定其吸附参数?

(2)是否所有品种的活性炭对任意吸附质都具有相同的吸附性能?

(3)实验获得的三塔连续流动态吸附函数图对实际工程设计有何指导意义?

(4)静态实验和动态实验之间是否存在内在的联系?

(5)如何根据三塔连续流动态吸附实验函数图设计活性炭吸附工程的工作制度?

6.3　活性污泥法污水处理

6.3.1　实验目的

(1)掌握活性污泥工艺的原理和工艺流程。

(2)了解影响活性污泥法运行效果的工艺参数。

(3)掌握活性污泥动力学参数的意义和测定方法。

6.3.2 实验原理与说明

活性污泥法是污水处理的主体工艺之一。近几十年来活性污泥法的反应理论、净化功能、运行方式、工艺系统等均得到了迅速发展,因此在工艺设计时需要进行方案的选择和优化。如果缺乏同类设计参考,随着原水水质、控制目标、运行方式的变化,需要通过可行性实验获得设计参数。这种实验工作除了通水流程和实验装置的建设外,还有物理、化学和生物指标的分析工作,工作量较大。活性污泥法处理工艺的工艺参数和环境参数多,每个子环节相互影响,达到稳定的响应时间长,给实验教学活动造成极大的困难。但随着本虚拟实验的实施,读者可以通过计算机仿真,掌握活性污泥和其他生化处理方法可行性实验的方法。

图 6-15 所示为一般活性污泥法处理污水的工艺流程简图,图 6-16 所示为仿真运行的操作流程框图。活性污泥法污水处理虚拟仪器面板如图 6-17 所示。

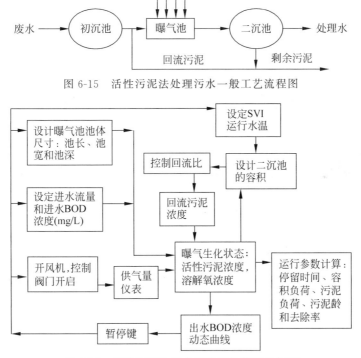

图 6-15 活性污泥法处理污水一般工艺流程图

图 6-16 活性污泥法仿真实验的操作流程框图

实际操作中的虚拟仪器面板(图 6-1)为彩色,其中以粉红底色显示的数值为控制量,以绿底色显示的数值为读出量。首先设定进水流量和进水 BOD 浓度;设计曝气池池体尺寸——池长、池宽和池深;设计二沉池的容积,设定 SVI 和运行水温。开风机,控制阀门开启程度,供气量由仪表读出。控制回流比,对应曝气池中生化反应的运行状态随上述控制量的变化而改变。虚拟仪器显示出回流污泥浓度、曝气池中活性污泥浓度、溶解氧浓度等。与此同时,在设计和运行管理中最关心的曝气池运行参数也在仪表上读出,分别为停留时间、容积负荷、污泥负荷、污泥龄和去除率等。虚拟仪器还以动态图形描绘了出水 BOD 浓度的时间曲线。为了提高效率,运行的速度较快,操作者可以按下记录仪上的暂停键来节省读数和改变控制量的时间。需要指出的是,这里显示的污泥龄是全池微生物总量与该瞬时反应时微生物净增量的比值,如果微生物净增为负值,污泥龄也显示负值,预示着泥量的减少,需要通过调整其他参数才能正常地连续运行,污泥龄对工艺正常运行就有了参考意义。

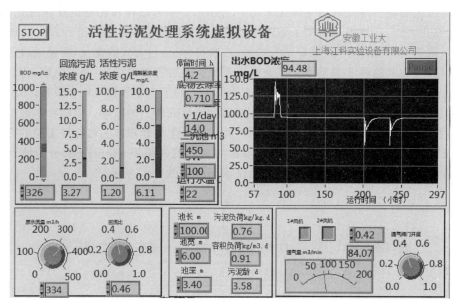

图 6-17　活性污泥法处理污水的虚拟仪器面板图

6.3.3　实验仿真过程

1. 活性污泥法处理污水的监测台账

污水处理厂的监测台账是指按照时间顺序对监测结果建立的日常工作记录表。运行条件和处理情况不同,记录的项目也会有所不同。例如焦化废水要测定进出水的酚和氰,深度处理的污水厂要测定氨氮等。

例 6.3.1　用仿真实验建立活性污泥法污水处理的监测台账。

模拟某活性污泥法污水处理厂的运行。设定曝气池的池长为 80m,宽为 6m,深为 3.4m;开启 1♯风机,控制阀门开启程度为 0.45,读出供气量为 45m³/min;回流比为 0.36,二沉池的容积为 220m³,SVI 为 120,运行水温为 22℃,将进水 BOD 浓度仪表量程设置为 600mg/L。设建立监测台账的工作从 2018 年 7 月 1 日至 15 日,每天早 9∶00 进行测定;仿真实验开始后,系统即处于连续运行状态,按下暂停(Pause)键,在仪表盘上设置进水 BOD 浓度和进水流量,释放暂停键,直至水处理设施运行 24h 以后再按下暂停键,在仪表盘上读出出水情况和监测台账中的相应项目,重新设置进水 BOD 浓度和进水流量,然后释放暂停键运行。最终获得如表 6-10 所示的监测台账。根据监测台账绘制时间序列图,并观察水处理设施的运行状况是运行管理的经常性工作,图 6-18 和图 6-19 分别所示为进出水情况和处理效果的时间序列图。

表 6-10 活性污泥法处理污水的监测台账

序号	日 期	进水流量/ (m³/h)	进水 BOD 浓 度/(mg/L)	出水 BOD 浓 度/(mg/L)	活性污泥浓 度/(g/L)	回流污泥浓 度/(g/L)	溶解氧浓 度/(mg/L)
1	2018-07-01	97	512	47.46	3.26	11.58	2.72
2	2018-07-02	105	556	57.32	3.09	10.75	2.44
3	2018-07-03	112	533	57.62	2.76	9.45	2.81
4	2018-07-04	110	425	43.79	2.52	8.83	3.87
5	2018-07-05	110	296	31.90	2.13	7.66	5.24
6	2018-07-06	125	450	53.01	2.05	6.80	3.97
7	2018-07-07	110	467	48.59	2.56	8.85	3.55
8	2018-07-08	125	525	63.33	2.29	7.56	3.11
9	2018-07-09	109	512	53.38	2.76	9.50	3.03
10	2018-07-10	85	550	45.88	3.86	14.03	2.10
11	2018-07-11	110	487	50.32	2.78	9.69	3.13
12	2018-07-12	120	487	55.40	2.32	7.79	3.47
13	2018-07-13	125	446	52.44	2.05	6.84	3.99
14	2018-07-14	125	460	54.28	2.07	6.87	3.86
15	2018-07-15	110	441	45.61	2.53	8.80	3.76

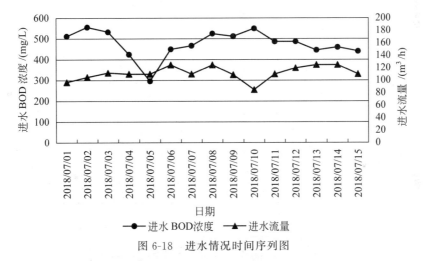

图 6-18 进水情况时间序列图

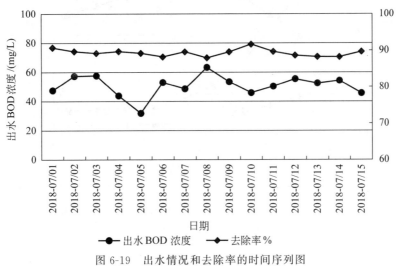

图 6-19 出水情况和去除率的时间序列图

2. 活性污泥可控工艺参数的影响实验

活性污泥工艺中有许多可控工艺参数,例如:曝气池的池体尺寸、二沉池的容积、SVI、运行水温、回流比、进水 BOD 浓度等,每个控制参数都会影响水处理的结果。在此仅举两例说明。

例 6.3.2 用仿真实验考察进水流量对活性污泥法的影响。

设污水处理厂的工艺参数为:曝气池池长为 80m,池宽为 6m,池深为 3.4m;供气量为 45m³/min;回流比为 0.36,二沉池的容积为 220m³,SVI 为 120,运行水温为 22℃不变。设进水 BOD 浓度保持为 400mg/L,考察进水流量从 80m³/h 改变至 240m³/h 时对活性污泥法污水处理的影响。在相应对话框内输入上述值,用类似例 6.3.1 的方法获得仿真实验记录表,如表 6-11 所示。绘制进水流量对活性污泥浓度、回流污泥浓度和池中溶解氧浓度的影响曲线,如图 6-20 所示。

表 6-11 进水流量对活性污泥法污水处理的影响实验记录

序号	进水流量/ (m³/h)	出水 BOD 浓度/ (mg/L)	活性污泥浓度/ (g/L)	回流污泥浓度/ (g/L)	溶解氧浓度/ (mg/L)	去除率/ %
1	80	29.91	3.80	14.30	3.07	92.5
2	100	37.20	2.93	10.61	3.73	90.7
3	120	45.04	2.11	7.21	4.36	88.7
4	140	52.77	1.52	4.85	4.71	86.8
5	160	59.99	1.19	3.54	4.74	85.0
6	180	67.03	1.00	2.78	4.61	83.2
7	200	73.98	0.95	2.61	4.32	81.5
8	220	81.16	0.91	2.47	4.04	79.7
9	240	88.61	0.88	2.35	3.77	77.8

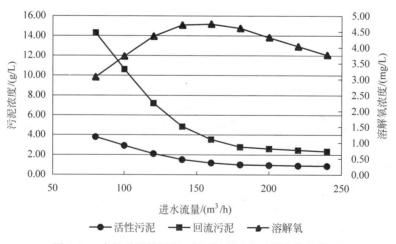

图 6-20 水量对活性污泥、溶解氧和回流污泥浓度的影响

例 6.3.3 用仿真实验考察运行水温对活性污泥法污水处理的影响。

使用例 6.3.2 的数据,设定进水流量为 $120\text{m}^3/\text{h}$,进水 BOD 浓度分别为 400mg/L 和 200mg/L,考察运行水温从 $10℃$ 改变至 $30℃$ 时对活性污泥法污水处理的影响。

输入相应值,用类似例 6.3.2 的方法获得仿真实验记录表,如表 6-12 所示。绘制水温改变对活性污泥处理效果的影响曲线,如图 6-21 所示。水温的改变会从微生物的反应速度和充氧能力两方面影响活性污泥处理效果,最后表现的是综合结果。由实验数据看出,水温的升高有利于提高活性污泥的处理效果,且这种影响在程度上与进水 BOD 浓度有关。

表 6-12　水温改变对活性污泥法的影响实验记录

序号	水温/℃	进水 BOD 浓度/(mg/L)	出水 BOD 浓度/(mg/L)	活性污泥浓度/(g/L)	回流污泥浓度/(g/L)	溶解氧浓度/(mg/L)	去除率/%
1	10	400	53.46	2.02	6.89	5.34	86.64
2	18	400	47.07	2.04	6.96	4.69	88.23
3	26	400	44.72	2.05	6.98	4.27	88.82
4	30	400	44.32	2.05	6.99	4.06	88.92
5	10	200	33.72	1.27	4.52	8.54	83.14
6	18	200	28.55	1.30	4.59	7.35	85.73
7	30	200	25.97	1.31	4.64	6.06	87.02

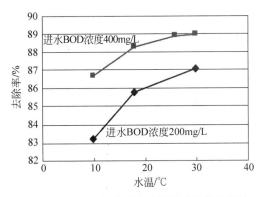

图 6-21　水温改变对活性污泥处理效果的影响

3. 水处理动力学参数测定实验

在一定的运行条件下,活性污泥法污水处理的动力学参数 k_2、$v_{\max}$、k_s 是常数,一般根据污水厂的运行数据或实验室连续流实验数据经统计分析获得。使用表 6-10 中的数据,根据式(6-10)和式(6-11),即可求出这三个动力学参数的数值。

$$\frac{XT}{S_0 - S_e} = \frac{k_s}{v_{\max}} \frac{1}{S_e} + \frac{1}{v_{\max}} \tag{6-10}$$

式中,X——曝气池中活性污泥的浓度,mg/L;

　　　T——水力停留时间,h;

　　　S_0、S_e——进、出水有机物的浓度,mgBOD_5/L;

v_{max}——最大比底物利用速率,d^{-1};

k_s——饱和常数,$mgBOD_5/L$;

$$k_2 S_e = \frac{S_0 - S_e}{XT} \qquad (6\text{-}11)$$

式中,k_2——当 k_s 远大于 S_e 时,$k_2 = v_{max}/k_s$,$L/mg \cdot d$;

根据监测台账的原始数据,进一步运算获得表 6-13,将 $1/S_e$ 看作自变量 x;将 $XT/(S_0-S_e)$ 看作因变量 y;对所获得的 15 组样本值进行线性回归的统计分析,回归结果为

$$\frac{XT}{S_0 - S_e} = 3855\left(\frac{1}{S_e}\right) + 13.69$$

并可进一步求得:$v_{max} = 0.073h^{-1} = 1.75d^{-1}$,$k_2 = 0.00546 L/mg \cdot d$,$k_s = 3855 \times 0.073 mg/L \approx 282 mg/L$。而相关系数 $R = 0.606$;根据相关系数检验表,对于 $\alpha = 0.05$ 的显著性水平有 $R_{0.05} = 0.514$,说明回归结果在 5% 置信度下可信。

表 6-13 水处理动力学参数计算

序号	进水流量/ (m³/h)	进水 BOD 浓度 /(mg/L)(S_0)	出水 BOD 浓度 /(mg/L)(S_e)	污泥浓度 /(mg/L)	停留时间 T/h	$1/S_e$	$XT/$ (S_0-S_e)	$k_2/$ $(1/(d \cdot mg/L))$
1	97	512	47	3260	16.8	0.021 07	118.07	0.004 28
2	105	556	57	3090	15.5	0.017 45	96.309	0.004 35
3	112	533	58	2760	14.6	0.017 36	84.6	0.004 92
4	110	425	44	2520	14.8	0.022 84	98.076	0.005 59
5	110	296	32	2130	14.8	0.031 35	119.66	0.006 29
6	125	450	53	2050	13.1	0.018 86	67.419	0.006 72
7	110	467	49	2560	14.8	0.020 58	90.775	0.005 44
8	125	525	63	2290	13.1	0.015 79	64.761	0.005 85
9	109	512	53	2760	15.0	0.018 73	90.105	0.004 99
10	85	550	46	3860	19.2	0.021 80	147.01	0.003 56
11	110	487	50	2780	14.8	0.019 87	94.452	0.005 05
12	120	487	55	2320	13.6	0.018 05	73.105	0.005 93
13	125	446	52	2050	13.1	0.019 07	68.007	0.006 73
14	125	460	54	2070	13.1	0.018 42	66.612	0.006 64
15	110	441	46	2530	14.8	0.021 93	94.934	0.005 54
平均	112	477	51	2602	14.7	0.020 20	91.593	0.005 46

6.3.4 实施仿真实验

(1)设计题目:某城市污水处理拟采用活性污泥法,需要进行可行性研究测定污水处理的生物反应动力学参数。

（2）实验要求：设计实验室规模的连续流实验流程和装置，自行确定实验流程和实验方案、设计装置（形状、尺寸等），确定需要测定的数据和测定方法（例如，测定流量时需要指出使用什么流量计，化学分析数据要有测定方法、装置和实验试剂），写出实验操作步骤。然后根据所设计的实验方案应用软件进行仿真实验，记录实验数据，并对实验数据进行统计分析确定动力学参数 k_2、v_{max}、k_s。

第7章

水污染控制工程课程设计

知识目标：

- 掌握工程设计的设计步骤、处理方案选择方法。
- 了解废水处理工程设计的特点和原则。
- 熟悉使用国家相关的法律法规、标准规范、设计手册的方法。
- 掌握水处理工艺中主要处理构筑物和设备的设计方法。
- 掌握平面布置图、高程图及主要构筑物的绘制方法。
- 掌握有关工程设计说明文件的编写方法。

技能目标：

- 具备初步的工程设计能力。
- 掌握计算机应用、绘图和文献查阅能力。
- 培养实践动手能力和独立分析、解决实际问题的能力。

7.1 引　　言

工程设计能力是工科大学毕业生综合素质能力的体现,而课程设计是培养这一能力的环节之一,是工程应用型本科专业的重要实践教学环节,是对学生动手能力和创新能力的全面训练和检查,对大学生应用所学理论知识解决工程实际问题能力的培养起着十分重要的作用。

7.1.1　设计目的、任务和要求

1. 设计目的

课程设计的目的在于加深理解所学专业知识,使学生运用所学专业知识,进一步培养独立分析问题和解决问题的能力,培养综合运用专业知识的能力,并在设计、计算、绘图方面得到锻炼。学生通过课程设计的锻炼和培养,可以为毕业设计或论文写作奠定基础。

2. 设计任务

通过污水厂(站)处理工艺课程设计,巩固学习成果,加深对"水污染控制工程"课程内容的学习与理解,学生能熟练应用规范、手册与文献资料,进一步掌握设计原则、方法及步骤,达到巩固、消化课程主要内容的目的,锻炼独立工作能力。在设计过程中,要求对主要污水处理构筑物有所了解,对所要求设计的污水处理设施的工艺、设备的尺寸进行计算,要求能绘制污水处理工艺系统图和主体构筑物图,设计深度为初步设计。随着课程设计教学的不断革新,为了适应毕业生能力训练的需要,图纸内容可能调整或增加平面布置图和高程布置图。

3. 设计要求

(1) 设计过程中,发挥独立思考和独立工作的能力。

(2) 课程设计训练的重点是污水处理设施的设计说明、设计计算和设计图纸。

(3) 在课程设计结束时,需要上交设计计算说明书和相关设计图纸。设计计算说明书应内容完整,简明扼要,文句通顺,字迹端正,用计算机打印。图纸要求 A1 规格的 CAD 图纸若干张。

7.1.2　课程设计内容

1. 选题

教师根据课程设计要求,选择合适的设计题目,如有可能,题目尽量来自生产实际或是结合生产实际。要求题目要难易适度,切实能锻炼和提高学生分析及解决工程问题的能力,能反映环境工程专业人才培养目标。

2. 收集基础资料

(1) 收集相关的自然条件特征和原污水水质、水量信息,一般已在设计任务书中给出。

（2）处理后水质必须符合国家或行业标准，根据污水类型和排放方式合理选择需要执行的有关标准。

3. 设计说明书

（1）确定污水处理厂的工艺流程，对处理构筑物选型进行说明。

（2）对主要处理设施进行工艺计算（附必要的计算简图），进行主要设备的选型和高程计算等。

4. 设计图纸

图纸成果要求为 CAD 图 A1 纸输出，包括工艺流程图和主要构筑物图纸，如有必要还包括平面布置图和高程图。图纸右下角为设计图签，要求标注图名、比例、学生班级、姓名等。图纸规格、绘图基本要求必须符合有关制图标准。

7.1.3　设计规范

设计规范包括污废水处理厂（站）设计规范、设计手册、标准图集以及有关市政、水利、给排水、电力等其他工程设计、施工最新技术标准和规范。标准包括国家、地方的水环境质量标准，国家有关城镇污水处理厂污染物排放标准，国家、地方和各行业的水污染物排放标准等。常用的水污染控制工程课程设计规范和标准如下：

（1）《城镇污水处理厂污染物排放标准》（GB 18918—2002）

（2）《污水综合排放标准》（GB 8978—1996）

（3）《室外排水设计规范（2016 年版）》（GB 50014—2006）

（4）《泵站设计规范》（GB 50265—2010）

（5）《建筑给水排水制图标准》（GB/T 50106—2010）

（6）中国建筑标准设计研究院.S3 给水排水标准图集［M］.北京：中国计划出版社，2004：5-20.

（7）中国建筑标准设计研究院.S4（一）给水排水标准图集［M］.北京：中国计划出版社，2004：45-50.

（8）北京市市政工程设计研究总院.给排水设计手册：第 5 册——城镇排水［M］.2 版.北京：中国建筑工业出版社，2004：8-25.

（9）北京市市政工程设计研究总院.给排水设计手册：第 5 册——工业排水［M］.2 版.北京：中国建筑工业出版社，2002：10-27.

（10）上海市政工程设计院.给排水设计手册：第 9 册——专用机械［M］.2 版.北京：中国建筑工业出版社，2000：13-31.

7.2　基础资料的收集

7.2.1　项目背景资料

1. 现状资料

1）城市污水处理厂需要了解的内容

（1）项目的地理位置、服务对象和范围。

（2）所收集区域的污水水量或者居住人口、商业区域、工业规模及其排入污水处理厂的工业废水水质和水量。

（3）所收集区域的生活水平（用来确定水质）或者水质，尤其是需要注意的特殊污染物。

（4）进出水管道位置。

（5）处理后纳污水体的水位、水文和水质情况。

（6）污水处理厂可供利用的面积及其周围情况（包括周边道路情况）。

（7）可供选择的污泥出路等。

2）工业废水处理站需要了解的内容

（1）设计项目、设计范围与设计深度等。

（2）有关工业区或工厂现状资料，包括工业区或工厂现状图，以及是否采用了清洁生产工艺，厂内是否采用了清污分流管网系统等。

（3）收纳水体的使用功能、水环境质量目标。

（4）工业废水水量、水质

① 本企业和国内同类企业的水量、水质情况分析。了解主要产品生产工艺、原料、排污流程；主要产品与主要排放污染物；生产规模和生产班次；采用的处理工艺。

② 本企业产生废水的水量、水质预测、规划水量平衡表，确定最大生产负荷期日平均废水量为设计流量；主要污染物预测；废水营养物和碱度的计算；了解厂房或车间预处理情况和纳污标准。

③ 处理后的水质要求。

④ 废水处理后回用与污泥利用的可能性和途径等。

3）供电、供水情况

（1）供电电源名称、方位及距离；供电电压、线路规格、长度；对功率因数的要求；建设单位和供电部门对供配电设计技术方面的具体要求等。

（2）供水设施点的方位；供水可靠程度分析。

2. 服务对象的发展规划

根据服务对象的不同,了解相应的规划方案。城市污水处理厂需要了解城市总体规划、排水专项规划、水环境规划或水功能区规划等;工业废水处理厂需要了解工厂的生产发展规划、工厂的给排水管道与废水处理设施的现状和规划。确定城市污水处理厂址和工业废水处理厂址是否符合城市现状和长远规划要求。

3. 设计规范及标准

选取与设计项目相关的标准作为设计依据。一般先满足地方和行业标准,没有地方和行业标准时按现行国家标准执行。

7.2.2　自然条件资料

1. 地理位置

工程所处的地理位置、周边的河道和道路交通情况;居民区、学校、医院等敏感目标的相关信息。

2. 场址地形地貌

城市地面标高(最大标高、最小标高、平均标高)、城市地貌,重点分析工程拟选场址处和排放口附近的地形地貌,需要污废水处理厂(站)址和排放口附近的地形图。

3. 水文气象

气候类型、气温(最高、最低、平均和其他)、湿度、雨量(年最大、年最小、年平均、当地雨季月份期限、日最大降雨量等)、蒸发量资料(年最大、年最小、年平均、日最大、日最小和日平均等)、土壤冰冻资料和风玫瑰图等。

4. 工程地质与水文地质

1)工程地质

污废水处理厂(站)址的地质钻孔柱状图、地基的承载能力、地下水位(包括流沙)与地震资料。

2)水文地质

有关河流的水位(最高水位、平均水位、最低水位)资料。地下水的所属类型、地下水存在形式、地下水水位变化、地下水成分,分析对混凝土结构和钢筋混凝土结构中钢筋是否具有腐蚀性。

7.2.3　其他资料

(1) 批准的建设项目可行性研究报告；

(2) 上级管理部门关于该项目的工程可行性研究报告的批复；

(3) 项目的选址报告；

(4) 项目的环境影响评价报告；

(5) 当地最新的《建筑工程综合预算定额》和《安装工程预算定额》；

(6) 当地最新的《建筑企业单位各项工程收费标准》；

(7) 当地有关的基本建设费率规定；

(8) 主要建筑材料、设备供应情况与价格等。

7.3　工程设计原则

7.3.1　工程设计一般原则

1. 采用先进的技术

所谓先进的技术是指先进的、成熟的、符合我国国情的技术。设计时要积极吸收和引进国外先进技术和经验，同时考虑符合国内管理水平和消化能力。采用新技术要经过实验而且必须有正式的技术鉴定。引进国外新技术及进口国外设备要考虑与我国技术标准、原材料供应、生产协作配套、维修零件的供给条件相协调。

2. 充分考虑资源的保护

要根据技术上的可行性和经济上的合理性，对能源、水和土地等资源进行综合利用。

3. 认真贯彻国家的经济建设方针、政策

这些政策包括产业政策、技术政策、能源政策、环保政策等。正确处理各产业之间、长期与近期之间、生产与生活之间等各方面的关系。

4. 坚持安全可靠、质量第一的原则

安全可靠是指项目建成投产后，能保持长期安全正常生产。

5. 坚持经济合理的原则

在我国资源财力条件下,使项目建设达到投资目标(产品方案、生产规模)的前提下,取得投资省、工期短、技术经济指标最佳的效果。

7.3.2　环境工程设计原则

除了要遵循工程设计的原则外,对环境保护设施进行工程设计时,还须遵循以下原则。

(1) 环境工程设计必须遵循国家有关环境保护法律、法规,合理开发和充分利用各种自然资源,严格控制环境污染,保护和改善生态环境。

(2) 建设项目需要配套建设的环境保护设施,必须与主体工程同时设计、同时施工、同时投产使用。同时设计是指建设单位在委托设计单位进行项目设计时,应将环境保护设施一并委托设计。承担设计任务单位必须依照《建设项目环境保护设计规定》的有关规定,将环境保护设施与主体工程同时进行设计,并在设计过程中充分考虑建设项目对周围环境的保护。

(3) 环境保护设计必须遵循污染物排放的国家标准和地方标准;在实施重点污染物排放总量控制的区域内,还必须符合重点污染物排放总量控制的要求。

(4) 环境保护设计应当在工业建设项目中采用能耗物耗小、污染物产生量少的清洁生产工艺。实现工业污染防治从末端治理向生产全过程控制的转变。

7.3.3　污水处理厂设计原则

在进行污水处理厂的工程设计时,应遵循一定的设计程序。污水处理厂的设计一般可分为 3 个阶段:设计前期工作、初步设计和施工图设计。如工程规模大、技术复杂,应在初步设计之后增加技术设计阶段。

1. 设计前期工作

设计前期工作非常重要,它要求设计人员收集设计所需的所有原始数据、资料,并通过对这些数据和资料的分析、归纳,得出切合实际的结论。其工作内容主要包括预可行性研究和可行性研究两项。

我国规定投资在 3000 万元以上的工程项目,应进行预可行性研究,提交可行性研究报告并经过专家评审后,作为建设单位向上级送审的《项目建议书》的技术附件。经审批同意后,才能进行下一步的可行性研究。

可行性研究是对本建设项目进行全面的技术经济论证,为项目的建设提供科学依据,保证建设项目在技术上先进、可行,在经济上合理、有利,并具有良好的社会与环境效益。可行性研究报告是国家控制投资决策、批准设计任务书的重要依据。它主要包括以下内容:

（1）项目概况，包括废水的水量、水质、生产工艺、处理要求等。

（2）工程方案，包括处理工艺选择与多方案比较、选址与用地、人员编制等。

（3）投资、资金来源及工程经济效益分析。

（4）工程量估算及工程进度安排。

（5）存在问题与建议。

（6）附图及附件。

2. 初步设计

初步设计是在可行性研究报告得到审批后，进行的具体工程方案设计过程，包括以下几个部分。

1）设计说明书

编制设计说明书是设计工作的重要环节，其内容视设计对象而定。一般包括如下内容：

（1）设计任务书（或设计委托书）批准的文件，与本项目有关的协议与批件。

（2）该地区（或企业）的总体规划，分期建设规划，地形、地貌、地质、水文、气象、道路等自然条件资料。

（3）废水资料、水量、水质，包括平均值、高峰值、现状值、预测值等。

（4）说明选定方案的工艺流程、处理效果、投资费用、占地面积、动力及原材料消耗、操作管理等情况。论证方案的合理性、先进性、优越性和安全性。

（5）对系统作物料衡算、热量衡算、动力及原材料消耗计算，主要设备及构筑物工艺尺寸计算，主要工艺管渠的水力计算，高程布置计算等。阐述主要设备及构筑物的设计技术数据、技术要求和设计说明。

（6）厂（站）位置的选择及工艺布置的说明，从规划、工艺布置、施工、操作、安全等方面论述。

（7）设计中采用的新技术及技术措施说明。

（8）说明对建筑、电气、照明、自动化仪表、安全施工等方面的要求和配合情况。

（9）提出运转和使用方面的注意事项、操作要点及规程。

（10）劳动定员及辅助建筑物。

2）工程量

经计算列出工程所需要的混凝土量、挖土方量、回填土方量等。

3）材料与设备量

列出工程所需要的设备及钢材、水泥、木材的规格和数量。

4）工程概算书

根据当地建材、设备的供应情况及价格，工程概预算编制定额及有关租地、征地、拆迁补偿、青苗补偿等的规定和办法编制本项目的工程概算书。

5）初步图纸

初步图纸主要包括处理厂总平面布置图，工艺流程图，高程布置图，管道沟渠布置图，设备及构筑物平、立、剖面图等。

3. 施工图设计

施工图是在初步设计被批准后，以初步图纸和说明书为依据所绘制的建筑施工和设备加工的正式详图,包括各构筑物、管渠、设备在平面及高程上的准确位置及尺寸,各部分的细部详图、工程材料、施工要求等。

7.4 工艺流程设计

7.4.1 工艺流程选择一般原则

在选择工艺流程的时候,应遵循如下原则。

1. 合法性
环境保护设计必须遵循国家有关环境保护法律、法规,合理开发和利用各种自然资源,严格控制环境污染,保护和改善生态环境。

2. 先进性
先进性指技术上的先进性和经济上的合理可行,具体包括处理项目的总投资、处理系统的运行费用和管理等方面的内容。应该选择处理能耗小、效率高、管理方便和处理后得到的产物能直接利用的处理工艺路线。随着经济的发展和环境意识的提高,对于各种污染物的排放要求会越来越高,因此还要考虑处理工艺路线有一定的前瞻性。

3. 可靠性
可靠性是指所选择的工艺路线是否成熟可靠。如果采用了不成熟技术,就会影响处理的效果和环境的质量,甚至造成极大的浪费。对于尚在实验阶段的新处理技术、新处理工艺和新处理设备应该慎重对待,防止只考虑和追求新的一面,而忽略可靠性和稳定性的一面。必须坚持一切经过实验的原则。在实际中,要处理的污染物种类很多,有的是新的即从来没有处理过的污染物,这就需要慎重考虑处理的工艺路线,一种是进行类比选择,另一种是进行实验确定。设计中考虑可靠性设计是提高工程项目质量的重要途径。

4. 安全性
水中的污染物有一些是具有毒性的,选择对这些污染物的处理工艺时要特别注意,防止污染物作为毒物发散,要有合理的补救措施,同时考虑劳动保护和消防要求。

5. 结合实际情况
工艺的选择要考虑到企业的承受能力、管理水平和操作水平等。

6. 简洁和简单性

应尽量选择简洁和简单的处理工艺路线,往往这样的路线是比较可靠的工艺路线。同时要考虑系统中一个设备出问题时,不至于对整个系统有较大影响。

在选择处理工艺路线时对以上六项原则必须全面衡量,综合考虑。对于需要处理的污染物,任何一种处理技术既有优点,也有缺点。设计人员必须从实际出发,采取全面对比的方法,并根据处理工程的具体要求选择对现在和对将来有利的处理工艺路线。

7.4.2　工艺流程选择的一般方法

一般采用三种方法确定工艺流程。

1. 类比法

通过查阅资料,了解同类废水的已建成工程项目的处理效果、建设和运行费用,进行比较并确定。此方法简单实用,花费时间较少,但要注意类比过程中一定要注意水质、水量。有可能它们属于同种废水,但是由于采用的生产工艺不同,水质不同,而导致类比法失败;同时,水量不同也可能导致工艺流程不同,有些处理单元适合大流量处理,有些适合小流量处理;另外,对不同地区气候气象条件、用地大小、排放标准不同等因素也要进行考虑,不能盲目类比。

2. 分解组合单元法

分析水中含有的污染物,对应每种污染物质并根据水量大小找到最佳处理方法和处理单元,然后对这些处理单元进行组合,进行最佳搭配,找到合理的处理工艺。

3. 综合法

将上述两种方法结合起来,即类比和分解组合单元同时进行。事实上,由于每种废水的水质特点不同,使其工艺选择必然是类比和分解组合单元法相结合的综合比较。

在设计过程中,此阶段可以提出多个工艺流程,然后对备选方案从占地、造价、施工、技术先进性、运行稳定性、设备易得和可靠性等多方面进行比较,分析各个工艺在技术和经济上的优缺点,选择最佳处理工艺。

7.4.3　工艺流程选择的主要影响因素

1. 废水的处理目标

废水的处理目标是废水处理工艺流程选择的主要依据,废水处理程度主要取决于废水的水质特征和处理后水的去向。出水水质指标与污水处理去除率密切相关,其不仅影响工艺流程的选择,且对工艺技术参数有重要影响,如尾水回用、生物脱氮工艺的内回流、二沉池出水堰的选择等。

2. 污水的水质和水量

水质是工艺流程选择的重要影响因素,而水量对构筑物选择有很大影响。水质含污染物浓度、可生化性、BOD∶N∶P、BOD/TN、BOD/TP、SS、重金属、油类、抗生素以及有毒有害组分、水温等;水量包括总量及其排放规律。对于水量、水质变化大的废水,应该选用耐冲击负荷能力强的工艺,或考虑设立调节池等缓冲设备以减少不利影响。

3. 工程造价和运行维护费用

由于污水处理设施运行周期较长,社会经济条件好的地区比较重视工艺的先进性和自动化程度,以便未来设施能够长期高效、正常运行,工艺选择具有超前性;而社会经济条件较差的地区或城市,需在确保稳定性的前提下节省投资规模、降低运行费用。

4. 运行管理与自动化控制要求

仪器设备及其自动化程度不仅影响运行管理,也对技术人员素质和工程投资等产生很大影响,如 SBR 工艺对在线检测和计算机自动化控制要求很高。

5. 污泥处理工艺

污泥处理工艺选择不仅涉及环境保护与日常的运行管理,还直接影响到工程投资、运行费用。

6. 气候气象条件、用地、排放水体环境容量与洪水位、城市排水体制等

合流制排水体制涉及初期雨水的处理,必要时需设计初沉池(旱季跳过);洪水位高于二沉池出水水位时需在出水口设立提升泵站;排放水体水量小,会影响污水处理厂的建设规模和尾水排放标准。

总之,废水处理流程的选择应该综合考虑各项影响因素,进行多种方案的技术经济比较才能得出结论。

7.4.4　工艺流程选择工程实例

1. 设计题目

某污水处理厂位于南方某工业城市,合流制排水系统,设计水量 20×10^4 m^3/d,设计处理进、出水水质见表 7-1,污水含有部分重金属元素,尾水排入城市取水口下游,排放执行《城镇污水处理厂污染物排放标准》(GB 18918—2002)一级 B 标准。河流年平均流量为 1260m^3/s,最枯月流量 164m^3/s,洪水位高于污水处理厂排放口高程。试选择适宜的工艺流程。

表 7-1　污水处理厂设计进、出水水质

项　目	pH 值	SS 浓度/(mg/L)	BOD_5 浓度/(mg/L)	COD_{Cr} 浓度/(mg/L)	NH_3-N(TN)浓度/(mg/L)	TP 浓度/(mg/L)
进水水质	6～8	160	120	300	25（33.3）	4.0
出水水质	6～9	≤20	≤20	≤60	≤8	≤1
处理程度	—	87.5%	83.3%	80%	68%	75%

2. 废水处理程度分析

1）处理程度及主要污染物

由表 7-1 可知，污水要求处理的程度较高。其中，主要的污染物指标为 COD_{Cr}、BOD_5、TN 和 TP。BOD_5：N：P=100：27.8：3.3，氮和磷明显高出微生物所需 100：5：1 的比例要求，因此需要进行脱氮除磷处理。

2）废水可生化性判断

（1）BOD_5/COD_{Cr} 是评价污水可生化性广泛采用的一种最为简易的方法，进水水质 $BOD_5/COD_{Cr}=0.4$ 时，可生化性好，适宜生物处理。

（2）BOD_5/TN 是评价能否采用生物脱氮的主要指标，反硝化脱氮需要足够碳源，才能保证反硝化的顺利进行，当城市污水 BOD_5/TN 接近于 4 时，即可认为污水有足够的碳源供反硝化细菌利用。本设计进水 TN 为 33.3mg/L，BOD_5/TN=3.6，接近基本要求。

（3）BOD_5/TP 是评价工艺能否采用生物除磷的主要指标，进行生物除磷的低限是 BOD_5/TP=17，本工程 BOD_5/TP=30，能满足生物除磷工艺要求。

据此分析，本设计可以采用生物法对污水进行脱氮除磷处理。

3）水量分析

由于本设计的排水系统为合流制污水，需设初沉池。合流制污水初沉池一般按旱季污水量计算，按合流设计流量校核，校核的沉淀时间不宜少于 30min。因此本设计只能按较短沉淀时间设计，旱季时污水不经过初沉池，以确保工艺生物脱氮除磷效果。

3. 工艺选择

生物除磷脱氮涉及厌氧、缺氧、好氧三个不同过程的交替循环。根据对目前我国大中城市污水处理厂生物脱氮除磷工艺及其运行效果的分析可知，A^2/O 法和前置厌氧氧化沟法技术较为成熟，运行效果较好。

1）A^2/O 法

此方法的工作原理为：原污水首先进入厌氧区，兼性厌氧的发酵细菌将废水中大分子有机物转化为小分子有机物。在厌氧条件下，聚磷菌将菌体内积储的 ATP 分解，所释放的能量供专性好氧的聚磷细菌在厌氧的不利环境下维持生存。随后进入缺氧区，反硝化细菌利用混合液回流而带的硝酸盐以及有机物进行反硝化，达到同时去碳和脱氮的目的。污水进入好氧区，聚磷菌大量吸收环境中的磷，并以聚磷酸盐的形式在体内储积起来。同时，异养菌将有机物分解成水和二氧化碳。硝化细菌把氨氮转化为亚硝酸盐和硝酸盐，并通过回流混合液在反硝化区实现生物脱氮。混合液进入二沉池后泥水分离，通过排放剩余污泥实现除磷目的。由于硝化细菌和聚磷菌的世代周期不同，彼此泥龄难以兼顾。泥龄长，硝化和反硝化效果加强，生物脱氮效果好；反之，系统排泥量大，生物除磷效果好。由于生物脱氮

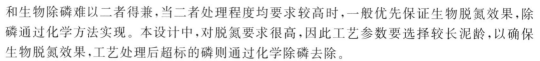

和生物除磷难以二者得兼,当二者处理程度均要求较高时,一般优先保证生物脱氮效果,除磷通过化学方法实现。本设计中,对脱氮要求很高,因此工艺参数要选择较长泥龄,以确保生物脱氮效果,工艺处理后超标的磷则通过化学除磷去除。

2) 前置厌氧的改良型氧化沟法

其工作原理与 A^2/O 法完全相同,只是缺氧区和好氧区整合在一个环形的沟道中。氧化沟的突出优点是硝化液回流比高,能达到较高程度的脱氮率。

3) 工艺方案比较

上述两种工艺各有特点,其技术性比较见表7-2。

表7-2　方案技术比较表

项　　目	A^2/O 法	前置厌氧的改良型氧化沟法
处理效果	好	好
技术先进性和成熟性	先进、成熟、应用较广	先进、成熟、运用广泛
动力效率	低	高
构筑物数量	多	少
工艺流程	较复杂	简单
操作、管理及维护	较复杂	简单
运转可靠性和灵活性	较高	高
占地面积	较少	较大
设备数量	较多	较少
运行成本	一般	一般

可见,前置厌氧改良型氧化沟工艺处理效果好,出水水质稳定,技术先进、成熟,运转可靠性和灵活性高,国内有一定应用实例,且操作、管理及维护相对简单。A^2/O 工艺方案技术虽同样具有处理效果好,出水水质稳定,技术先进、成熟,国内应用广泛等特点,且其占地面积小,能耗低,但该工艺流程较为复杂,设备较多,操作管理较麻烦,运转灵活性不如前置厌氧改良型氧化沟工艺。综合上述技术和经济两方面的比较,本设计拟推荐采用前置厌氧改良型氧化沟工艺。

7.5　构筑物设计

7.5.1　构筑物设计的一般原则和程序

构筑物设计按照选定工艺流程顺序依次进行设计。构筑物设计内容包括尺寸计算、设备选择和简图设计三部分。尺寸计算是指通过查阅相关设计手册和规范选定相应的设计参数,计算构筑物的尺寸和构造。设备选择是根据构筑物的类型和设备参数选择附属的设备,比如水泵和鼓风机等,要求详细列出所选用设备的型号、性能、台数等。此外,在计算过程中必须画出简图,从而为画工艺设计图纸做准备。

构筑物设计的核心就是设计参数的确定。对于一些传统工艺,设计参数可以通过查阅设计手册和规范来进行。在此过程中需要注意,去除率可以通过已建构筑物处理同类废水的一般去除率确定,即可以通过文献查阅得到。对于一些新的工艺,由于资料缺乏,设计手册一般没有,因此必须根据其功能进行自行设计,设计计算过程和参数要求学生去查阅参考资料。在工业废水设计中,由于废水水质、水量千变万化,因此同一构筑物处理不同废水的去除率相差较大,即便处理同类废水,由于生产工艺和原料的不同,去除率也可能相差很大。因此,在实际工程中,其去除率主要通过实验室和中试得到。但是在课程设计和毕业设计过程中不可能花费很长时间进行中试,因此仍然采用类比法,尽量查阅相同构筑物处理同类废水的去除率。

7.5.2　常用构筑物设计参数

1. 格栅

污水处理系统或水泵前必须设置格栅。

(1) 水泵前格栅栅条间隙应根据水泵要求确定。污水处理系统前格栅栅条间隙,一般人工清渣时为 25～40mm,机械清渣时为 16～25mm,最大间隙为 40mm。也可设置粗细两道格栅,粗格栅栅条间隙为 50～150mm。

(2) 格栅所截留的污染物数量与地区的情况、污水沟道系统的类型、污水流量以及栅条的间隙等因素有关,可参考的一些数据如下:

当栅条间隙为 16～25mm 时,栅渣截留量为 $0.10～0.05m^3/(10^3m^3$ 污水);

当栅条间隙为 40mm 左右时,栅渣截留量为 $0.03～0.01m^3/(10^3m^3$ 污水)。

(3) 格栅的清渣方法

人工清渣:格栅与水平面倾角 45°～60°,设计面积应采用较大的安全系数,一般不小于进水渠道面积的 2 倍,以免清渣过于频繁。

机械清渣:格栅与水平面倾角 60°～70°,过水面积一般应不小于进水管渠的有效面积的 1.2 倍。

每日栅渣量大于 $0.2m^3$ 时,一般应采用机械清渣格栅。

(4) 栅条断面形状:可为圆形、矩形、方形。圆形的水力条件较方形好,但刚度较差,目前多采用断面形状为矩形的栅条。

(5) 过格栅渠道的水流流速:格栅渠道的宽度要设置得当,应使水流保持适当流速,一方面泥沙不至于沉积在沟渠底部,另一方面截留的污染物又不至于冲过格栅,通常采用 0.4～0.9m/s。

（6）污水过栅条间隙的流速：为防止栅条间隙堵塞，一般采用 0.6～1.0m/s，最大流量时可高于 1.2～1.4m/s。

（7）粗格栅栅渣宜采用带式输送机输送，细格栅栅渣宜采用螺旋输送机输送。

2. 沉砂池

污水厂可根据需要设置沉砂池，按去除相对密度 2.65、粒径 0.2mm 以上的无机颗粒设计。按照水流方向，沉砂池可分为平流式、竖流式、曝气沉砂池以及旋流式沉砂池等。

1）一般规定

（1）城市污水厂一般均设置沉砂池，并且沉砂池的个数或分格数应不小于 2，并按并联系列设计。工业污水是否要设置沉砂池，应根据水质情况而定。

（2）设计流量应按分期建设考虑。①当污水自流进入时，应按每期的最大设计流量计算；②当污水为提升进入时，应按每期工作水泵的最大组合流量计算；③在合流制处理系统中，应按降雨时的设计流量计算。

（3）沉砂池去除的砂粒相对密度为 2.65，粒径为 0.2mm 以上。

（4）城市污水的沉砂量可按每 $10^6 m^3$ 污水沉砂 $30m^3$ 计算，其含水率 60%，容重约 $1500kg/m^3$。

（5）储砂斗的容积应按 2d 沉砂量计算，储砂斗壁的倾角不应小于 55°，排砂管直径不应小于 200mm。

（6）沉砂池的超高不宜小于 0.3m。

2）平流沉砂池设计参数

（1）污水在池内的最大流速为 0.3m/s，最小流速为 0.15m/s。

（2）最大流量时，污水在池内的停留时间不少于 30s，一般为 30～60s。

（3）有效水深应不大于 1.2m，一般采用 0.25～1.0m，池宽不小于 0.6m。

（4）池底坡度一般为 0.01～0.02，当设置除砂设备时，可根据除砂设备的要求，考虑池底形状。

3）竖流式沉砂池设计参数

（1）最大流速为 0.1m/s，最小流速为 0.02m/s。

（2）最大流量时，污水在池内的停留时间不少于 20s，一般为 30～60s。

（3）进水中心管最大流速为 0.3m/s。

4）曝气沉砂池设计参数

（1）水平流速一般取 0.08～0.12m/s。

（2）污水在池内的停留时间为 4～6min；雨天最大流量时为 1～3min。如作为预曝气，则停留时间为 10～30min。

（3）池的有效水深为 2～3m，池宽与池深比为 1～1.5，池的长宽比可达 5，当长宽比大于 5 时，应考虑设置横向挡板。

（4）曝气沉砂池多采用穿孔管曝气，孔径为 2.5～6.0mm，距池底为 0.6～0.9m，并应有调节阀门。

（5）曝气沉砂池的形状应尽可能不产生偏流和死角，在砂槽上方宜安装纵向挡板，进出口布置合理，应防止产生短流。

（6）1m³ 污水的曝气量为 0.2m³。

3. 初次沉淀池

初次沉淀池是生物处理法中的预处理单元，可去除约 30% 的 BOD_5、55% 的悬浮物。常见有平流式沉淀池、竖流式沉淀池、辐流式沉淀池三种形式。

1）一般规定

（1）设计流量

沉淀池的设计流量与沉砂池的设计流量相同。在合流制的污水处理系统中，当废水是自流进入沉淀池时，应以最大流量作为设计流量；当用水泵提升时，应以水泵的最大组合流量作为设计流量。在合流制系统中，应按降雨时的设计流量校核，但沉淀时间应不小于 30min。

（2）沉淀池的个数

对于城市污水厂，沉淀池的个数或分格数不应少于两个。

（3）沉淀池的经验设计参数

对于城市污水处理厂，如无污水沉淀性能的实测资料时，可根据相关经验参数选用。

（4）沉淀池的几何尺寸

池超高不少于 0.3m；缓冲层高采用 0.3～0.5m；储泥斗斜壁的倾角，方斗不宜小于 60°，圆斗不宜小于 55°；排泥管直径不小于 200mm。

（5）沉淀池出水部分要求

一般采用堰流，在堰口保持水平。对初沉池，出水堰的负荷应不大于 2.9L/(s·m)；对二次沉淀池，一般取 1.5～2.9 L/(s·m)。亦可采用多槽出水布置，以提高出水水质。

（6）储泥斗的容积

一般按不大于 2d 的污泥量计算。对二次沉淀池，按储泥时间不超过 2h 计。

（7）排泥部分要求

沉淀池一般采用静水压力排泥，静水压力数值如下：初次沉淀池应不小于 14.71kPa（1.5mH_2O 柱）；活性污泥法的二沉池应不小于 8.83kPa（0.9mH_2O 柱）；生物膜法的二沉池应不小于 11.77kPa（1.2mH_2O 柱）。

2）平流式沉淀池设计参数

（1）进水区有整流措施（见图 7-1），保证入流污水均匀稳定地进入沉淀池。

（2）出水区设出水堰，以控制沉淀池内的水面高度，保证沉淀池内水流的均匀分布。

（3）沉淀池沿整个出流堰的单位长度溢流量相等，对于初沉池一般为 250m³/(m·d)，二沉池为 130～250m³/(m·d)。

（4）齿形三角堰应用最为普遍，水面宜位于齿高的 1/2 处。平流式沉淀池出口集水槽的具体形式见图 7-2。

（5）为适应水流的变化或构筑物的不均匀沉降，在堰口处需要设置能使堰板上下移动的调节装置，使出水堰口尽可能水平。

（6）出水堰前应设置挡板，以阻挡漂浮物，或设置浮渣收集和排除装置。

（7）多斗式沉淀池不设置机械刮泥设备。每个储泥斗单独设置排泥管，各自独立排泥，互不干扰，保证沉泥的浓度。

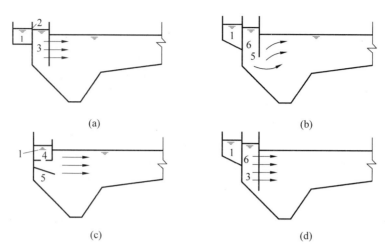

图 7-1 平流式沉淀池进水区整流措施

1—进水槽；2—溢流堰；3—穿孔整流墙；4—底孔；5—挡流板；6—潜孔

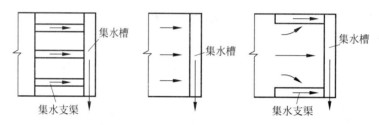

图 7-2 平流式沉淀池出口集水槽形式

（8）池子的长宽比以 3～5 为宜。大型沉淀池可考虑设导流墙。

（9）池子的长深比一般采用 8～12。

（10）池底纵坡坡度，采用机械刮泥时不小于 0.005，一般采用 0.01～0.02。

（11）总表面积一般按表面负荷计算，按水平流速校核。最大水平流速，初次沉淀池为 7mm/s，二次沉淀池为 5mm/s。

（12）刮泥机的行进速度不大于 1.2m/min，一般采用 0.6～0.9m/min。

（13）进出口处应设置挡板，高出池内水面 0.1～0.15m。挡板淹没深度：进口处视沉淀池深度而定，不小于 0.25m，一般为 0.5～1.0m；出口处一般为 0.3～0.4m。挡板位置：距进水口为 0.5～1.0m，距出水口处为 0.25～0.5m。

3）竖流式沉淀池设计参数

（1）池子直径（或正方形的一边）与有效水深之比值不大于 3.0。池子直径不宜大于 8m，一般采用 4～7m，最大有达 10m 的。

（2）中心管内流速不大于 30mm/s。

（3）竖流式沉淀池的平面可为圆形、正方形或多角形。竖流式沉淀池的深、宽（径）比一般不大于 3，通常取 2。

（4）中心管下口应设有喇叭口和反射口。

（5）排泥管下端距池底不大于 0.20m，管上端超出水面不小于 0.40m。

（6）浮渣挡板距集水槽 0.25～0.50m，高出水面 0.1～0.15m；淹没水深 0.3～0.4m。

4) 辐流式沉淀池设计参数

(1) 池子直径(或正方形一边)与有效水深的比值,一般采用 6~12。

(2) 池径不宜小于 16m。

(3) 池底坡度一般采用 0.05~0.10。

(4) 一般采用机械刮泥,也可附有空气提升或静水头排泥设施。

(5) 池径小于 20m 时,一般采用中心转动的刮泥机,其驱动装置设在池子中心走道板上;池径大于 20m 时,一般采用周边传动的刮泥机,其驱动装置设在架的外缘。

(6) 刮泥机的旋转速度一般为 1~3r/h,外周刮泥机的线速度不超过 3m/min,一般采用 1.5m/min。

4. 平流式隔油池

(1) 停留时间一般采用 1.5~2.0h。

(2) 水平流速一般采用 2~5mm/s。

(3) 隔油池宜分隔为数格,分格数 n 通常为 2~4。如采用机械刮油时,单格宽度必须与刮油机的跨度规格相匹配,一般为 2m、2.5m、3m、4.5m、6m。当采用人工清除浮油时,每格宽≤3m。国内各大炼厂一般采用 4.5m,且已有定型设计。

(4) 隔油池超高一般不小于 0.4m,工作水深为 1.5~2.0m。人工排泥时,池深应包括污泥层厚度。

(5) 隔油池尺寸比例:单格长宽比≥4,深宽比≥0.4。

(6) 刮板间距不小于 4m,高度 150~200mm,移动速度 0.01m/s。

(7) 在隔油池的出口处及进水间浮油聚集,对大型隔油池可设集油管收集和排除浮油。集油管管径为 200~300mm,纵缝开度为 60°,管轴线在水平面下 0~50mm,小型池装有集油环。

(8) 采用机械刮泥时,集泥坑深度一般采用 0.5m,底宽不小于 0.4m,侧面倾角为 45°~60°。

(9) 池底坡度 i,当人工排泥时为 0.01~0.02,坡向集泥坑;机械刮泥时,采用平底,即 $i=0$。

(10) 隔油池水面以上的油层厚度不大于 0.25m。

(11) 隔油池的除油效率一般在 60%以上,出水含油量为 100~200mg/L。若后续采用气浮法,则出水含油量可小于 50mg/L。

(12) 为了安全、防火、防寒、防风沙,隔油池可设活动盖板。

(13) 在寒冷地区,集油管内应设有直径为 25mm 的加热管,隔油池内也可设蒸汽加热管。

5. 活性污泥法

活性污泥法工艺较多,应根据具体处理要求(除碳、脱氮、除磷、污泥稳定等)和外部条件,选择适宜的活性污泥处理工艺。

1) 曝气池构造主要设计参数

(1) 采用鼓风曝气系统的曝气池的构造——多为廊道型的推流式曝气池

① 曝气池的数目、规模与廊道组合:曝气池宜大于 2 组,廊道数一般大于 3 个。

② 廊道的长度与宽度：廊道长度以 50~70m 为宜，长与宽之比为 5~10∶1。

③ 廊道的横断面与深度：有效水深一般为 4~6m，超高 0.5m；池宽与有效水深之比宜采用 1∶1~2∶1；尽量共用空气管道和布水槽；距池底 1/2 或 1/3 处设排水管，以备培养活性污泥用；池底设放空管及 0.2% 的坡度，坡向放空管。

④ 进水多采用淹没孔口形式，出水多采用平顶堰形式。

（2）采用机械曝气装置的曝气池的构造

① 采用叶轮曝气器的曝气池

常见有三种池型：一是完全混合式，池表面为圆形或方形；二是曝气沉淀池，将曝气和沉淀过程结合在一个构筑物内完成；三是兼具推流和完全混合特征的曝气池，是由一系列正方形单元连接而成的廊道式曝气池，每一单元设一台叶轮曝气器，每个单元内为完全混合式。

② 采用曝气转刷（盘）的曝气池的构造——环槽形曝气池（氧化沟）

平面呈环形跑道状；沟槽的横断面可为方形、梯形；水深较浅，早期一般为 1.0~1.5m，现在多为 3~4m；混合液在沟内的流速不应小于 0.4m/s，沟底流速不小于 0.3m/s。

2）曝气系统的计算与设计

鼓风曝气系统设计主要包括：选择曝气装置，并对其进行布置；计算空气管道；确定鼓风机的型号及台数。

（1）曝气装置的选定及布置

① 曝气装置一般要求：具有较高的氧利用率和动力效率，节能效果好；不易堵塞和破损，出现故障时易于排除，便于维护管理；结构简单，工程造价低。还应考虑废水水质、地区条件及曝气池的池型、水深等。

② 计算所需曝气装置的数目：根据总供气量以及每个曝气装置的通气量、服务面积以及曝气池的池底总面积，即可求得。

③ 曝气装置的布置：常见的为三种形式，一是沿池壁的一侧布置；二是相互垂直呈正交式布置；三是呈梅花形交错布置。

（2）空气管道的计算与设计

① 一般规定：小型废水处理站的空气管道系统一般为枝状，而大、中型废水处理厂则宜采用环状管网，以保证安全供气；空气管道可敷设在地面上，接入曝气池的管道应高出池水面 0.5m，以免发生回水现象；空气管道的设计流速，干、支管为 10~15m/s，竖管、小支管为 4~5m/s。

② 空气管道的计算步骤：a. 根据流量（Q）、流速（v）选定管径（D）；b. 计算和校核压力损失；c. 再调整管径；d. 重复上述步骤。

③ 空气管道的阻力损失的基本要求：空气通气管道和曝气装置的总阻力损失一般要求控制在 14.7kPa（1.5mH$_2$O 柱）以内，其中，管道的总损失控制在 4.9kPa（0.5mH$_2$O 柱）以内，曝气装置的阻力损失为 4.9~9.8kPa（0.5~1.0mH$_2$O 柱）。

（3）鼓风机的选择

① 根据设计风量和风压来选择鼓风机。其中罗茨鼓风机噪声大，使用时必须采取消声措施，适用于中、小型污水厂；离心式鼓风机噪声较小，效率较高，适用于大、中型污水厂。

② 数量选择与备用。当工作鼓风机≤3台时,备用1台;当工作鼓风机≥4台时,备用2台。

3) 二沉池的计算与设计

二沉池池型有平流式、竖流式、辐流式,斜板(管)沉淀池原则上不建议采用。其中,带有机械吸泥及排泥设施的辐流式沉淀池,比较适合于大型污水厂;方形多斗辐流式沉淀池常用于中型污水厂;竖流式或多斗式平流式沉淀池则多用于小型污水厂。具体设计参数见本节"8.二次沉淀池"。

4) 污泥回流及处理

污泥回流设备主要是污泥提升设备,常见的为污泥泵。大、中型厂一般采用螺旋泵或轴流式污泥泵;小型厂一般采用小型潜污泵或空气提升器。

6. 生物滤池

1) 普通生物滤池设计参数

(1) 工作层填料的粒径为25~40mm,厚度为1.3~1.8m;承托层填料的粒径为70~100mm,厚度为0.2m。

(2) 在正常气温条件下,处理城市污水时,表面水力负荷为1~3$m^3/(m^2 \cdot d)$,BOD_5容积负荷为0.15~0.30$kg/(m^3 \cdot d)$,BOD_5的去除率一般为85%~95%。

(3) 池壁四周通风口的面积不应小于滤池表面积的1%。

(4) 滤池数不应小于2座。

2) 高负荷生物滤池设计参数

(1) 以碎石为滤料时,工作层滤料的粒径应为40~70mm,厚度不大于1.8m,承托层的粒径为70~100mm,厚度为0.2m;当以塑料为滤料时,滤床高度可达4m。

(2) 正常气温下,处理城市废水时,表面水力负荷为10~30$m^3/(m^2 \cdot d)$,BOD_5容积负荷不大于1.2$kg/(m^3 \cdot d)$。单级滤池的BOD_5去除率一般为75%~85%;两级串联时,BOD_5的去除率一般为90%~95%。

(3) 进水BOD_5大于200mg/L时,应采取回流措施。

(4) 池壁四周通风口的面积不应小于滤池表面积的2%。

(5) 滤池数不应小于2座。

3) 塔式生物滤池设计参数

(1) 一般常用塑料滤料,滤池总高度为8~12m,也可更高;每层滤料的厚度不应大于2.5m,径高比为1:6~8。

(2) BOD_5容积负荷为1.0~3.0$kg/(m^3 \cdot d)$,表面水力负荷为80~200$m^3/(m^2 \cdot d)$,BOD_5的去除率一般为65%~85%。

(3) 自然通风时,塔滤四周通风口的面积不应小于滤池横截面积的7.5%~10%;机械通风时,风机容量一般按气水比为100~150:1来设计。

(4) 塔滤数不应小于2座。

7. 生物接触氧化工艺

（1）生物接触氧化池应根据进水水质和处理程度确定采用一段还是二段，其有效水深为 3～5m；其每段个数或分格数应不少于两个，并按同时工作设计。

（2）填料的体积按填料容积负荷和平均日污水量计算。填料的容积负荷一般应通过实验确定。当无实验资料时，对于生活污水或以生活污水为主的城市污水，BOD_5 容积负荷一般采用 1.0～1.5kg/($m^3 \cdot$ d)。或者单独碳氧化宜为 2.0～5.0kg/($m^3 \cdot$ d)，碳氧化和硝化时取 0.2～25.0kg/($m^3 \cdot$ d)。

（3）污水在氧化池内的有效接触时间一般为 1.5～3.0h。

（4）填料层总高度一般为 3m，填料层上部水层高约为 0.5m，填料层下部布水区的高度一般在 0.5～1.5m 之间。当采用蜂窝型填料时，一般应分层装填，每层高为 1m，蜂窝孔径应不小于 25mm。当采用立体弹性填料时，填料长度 1～2.5m，直径 150mm，接触氧化池水深度可以做到 3～8m，立体弹性填料设计容积负荷可达 2kg/($m^3 \cdot$ d)（一般污水），气水比一般取 15∶1，运行时溶解氧含量大于 2mg/L。

（5）接触氧化池中的溶解氧含量一般应维持在 2.5～3.5mg/L 之间，气水比为 15～20∶1。

（6）为保证布水布气均匀，每格氧化池面积一般应不大于 $25m^2$。

8. 二次沉淀池

1）二次沉淀池的主要设计参数

（1）二次沉淀池位于活性污泥法后时，沉淀时间为 1.5～4.0h，表面水力负荷为 0.6～1.5m^3/($m^2 \cdot$ h)，污泥含水率为 99.2%～99.6%。

（2）二次沉淀池位于生物膜法后时，沉淀时间为 1.5～4.0h，表面水力负荷为 1.0～2.0m^3/($m^2 \cdot$ h)，污泥含水率为 96%～98%。

2）平流式沉淀池的设计要求

（1）长宽比不宜小于 4，长度与有效水深之比不宜小于 8，池长不宜大于 60m。

（2）宜采用机械排泥，排泥机械的行进速度为 0.3～1.2m/min。

（3）池底坡度不宜小于 0.01。

3）竖流式沉淀池的设计要求

（1）水池直径与有效水深之比不宜大于 3。

（2）中心管内流速不宜大于 30mm/s。

（3）中心管下口应设有喇叭口和反射板，板底面距泥面不宜小于 0.3m。

4）辐流式沉淀池的设计要求

（1）水池直径与有效水深之比宜为 6～12，水池直径不宜大于 50m。

（2）宜采用机械排泥，排泥机械的行进速度宜为 1.0～3.0r/h，刮泥板的外缘线速度不宜大于 3m/min。

（3）坡向泥斗的坡度不宜小于 0.05。

7.6 水污染控制工程课程设计案例

7.6.1 设计题目

设计题目为某印染废水处理站工艺设计。

印染废水是加工棉、麻、化学纤维及其混纺产品为主的印染厂排出的废水,主要含有染料、料浆、染色助剂及纤维杂质、油剂、酸、碱及无机盐等物质,具有水质变化大、有机物含量高、色度高等特点,属难处理的工业废水之一。

7.6.2 设计资料

1. 废水水质水量资料

南方某城市一印染厂,邻近西江,有职工近百人,年产值1500万元左右,主要织物有麻、棉和化纤,使用染料有硫化染料、分散染料和直接染料,排放废水有退浆废水、煮炼废水、漂白废水、丝光废水、染整废水等,日产废水 $3000m^3$,具体水质见表7-3。出水要求严格执行《纺织染整工业水污染物排放标准》(GB 4287—2012)中的间接排放标准。

表7-3 印染厂进出水水质

项 目	COD_{Cr} 浓度/(mg/L)	BOD_5 浓度/(mg/L)	SS 浓度/(mg/L)	色度/倍	pH 值
原水水质	1000	400	250	300	8～9
出水水质	≤200	≤50	≤100	80	6～9

2. 气象、水文与工程地质资料

该市邻近北回归线,为亚热带季风气候,全年气候温和,年平均气温 19℃,最热月平均气温 30℃,极端最高温度 40℃,最冷月平均气温 13℃,最低温度 6℃。常年主导风向为南风和北风。印染厂地势平坦,地质条件良好,地表土层厚度一般在 8m 以上,主要为亚砂土、亚黏土、砂卵石,地基承载力为 $1.2kg/cm^2$。河流常水位标高 85.40m,进水管底标高 88.00m,废水处理站地面标高 91.00m,废水处理站距离西江约 110m。

3. 设计依据

(1) 废水处理工程设计委托书;

(2) ××市环境保护局《关于××印染厂废水处理工程的批复》;

（3）《××市××印染厂废水处理工程项目环境影响报告》的批复；

（4）××市××印染厂废水处理工程岩土工程勘察报告；

（5）××市××印染厂用水及其排水情况。

7.6.3 废水处理工艺方案设计

1. 工业废水处理程度

经过计算，废水 COD_{Cr}、BOD_5、SS 和色度的去除率分别为 82%、83%、60% 和 73%，去除率范围为 60%～85%，去除率不是很高。根据我国现行印染废水处理实际运行情况可知，一般工艺均能够达到上述去除率。

2. 进水水质、水量分析

根据 $BOD_5/COD_{Cr}=0.4$，判断废水可生化性较好，表明本工程可采用生化处理工艺。设计水量为 3000m^3/d，规模中等。

3. 废水水质特点

印染废水水质随采用的纤维种类和加工工艺的不同而异，污染物组分差异很大。印染各工序的排水情况如下。

（1）退浆废水：水量较小，但污染物浓度高，含各种浆料、浆料分解物、纤维屑、淀粉碱和各种助剂。废水呈碱性，pH 值为 12 左右。

（2）煮炼废水：水量大，污染物浓度高，含纤维素、果酸、蜡质、油脂、碱、表面活性剂、含氮化合物等，废水呈强碱性，水温高，呈褐色。

（3）漂白废水：水量大，但污染较轻，含漂白剂、醋酸、草酸、硫代硫酸钠等。

（4）丝光废水：含碱量高，NaOH 含量为 3%～5%，多数通过蒸发浓缩回收 NaOH，所以丝光废水一般很少排出。经过多次重复使用后，最终排出的废水仍呈强碱性，BOD、COD、SS 均较高。

（5）染色废水：水量较大，含浆料、染料、助剂、表面活性剂等，一般呈强碱性，色度很高，可生化性较差。

（6）印花废水：水量较大，含浆料、染料、助剂等，BOD、COD 均较高。

（7）整理废水：水量较小，含纤维屑、树脂、油剂、浆料等。

从水质特点看，印染废水有毒有害污染物较少，但进水水质、水量变化大，有机污染物的组成复杂。

7.6.4 污水处理工艺选择

1. 印染废水处理的常用方法

1）物化法

物化法是指在废水中加入絮凝剂、助凝剂，在特定的构筑物内进行沉淀或气浮，去除污水中的污染物的方法,可作为生化处理的辅助工艺。絮凝沉淀是指通过加入絮凝剂、助凝剂,使胶体在一定的外力扰动下相互碰撞、聚集,形成较大絮状颗粒,从而使污染物被吸附去除。絮凝沉淀一般可去除 $40\%\sim50\%$ 的 COD_{Cr}、$60\%\sim80\%$ 的色度。气浮是以微小气泡作为载体,黏附水中的杂质颗粒,使其密度小于水,然后颗粒被气泡携带浮升至水面,使之与水分离从而去除的方法。气浮一般可去除 $45\%\sim60\%$ 的 COD_{Cr}、$60\%\sim80\%$ 的色度。

2)生化法

生化法是利用微生物的作用,使污水中有机物被吸附、降解而去除的一种处理方法。常见生物处理工艺有厌氧-好氧二相生物接触氧化工艺。生物接触氧化池内设置填料,池底设置曝气器,水中的有机物被微生物吸附、降解,并被同化成新的生物膜。老化的生物膜在气、水剪切作用下从填料上脱落,随水进入二沉池后泥水分离,从而使污水得到净化。当生物接触氧化采用厌氧-好氧二相生物处理时,能将厌氧、好氧的技术特点集成整合,从而有效提高工艺处理效果。生物厌氧(或水解酸化)能将印染废水中大部分难降解有机污染物分解成易降解小分子有机物,改善废水的可生化性。通过厌氧、好氧作用的组合,可实现包括大部分难降解有机物在内的各种有机物的去除。

3)组合工艺

可充分整合物化、生化处理法的优点,构建物化-生化组合工艺、生化-物化组合工艺。常见的组合工艺有混凝-好氧生物处理、厌氧-好氧-气浮或活性炭吸附。

根据本设计要求,拟订三种处理方案,分别为混凝+好氧生物处理、厌氧+生物接触氧化工艺和厌氧+生物接触氧化+气浮工艺,并在去除效果、技术可靠性、占地、投资等方面进行比较,结果如表 7-4 所示。

表 7-4 废水处理三种方案的经济性比较

工艺类型	混凝+好氧生物处理	厌氧+生物接触氧化工艺	厌氧+生物接触氧化+气浮工艺
COD 去除率	$85\%\sim90\%$	$85\%\sim95\%$	$85\%\sim95\%$
色度去除效果	较好	一般	好
技术可靠性和成熟性	能承受较大冲击负荷,技术成熟,出水水质较好	耐冲击负荷,技术成熟,出水水质较好	耐冲击负荷,技术成熟,出水水质好
构筑物数量与设备	多	较少	较多
操作、管理及维护	需要混凝、沉淀及污泥回流,操作管理较为复杂	无污泥回流、污泥膨胀,操作方便	无污泥回流,操作较为方便
占地面积	与普通活性污泥法接近	占地少,为普通活性污泥法的1/3	占地面积较小
投资	较高	较高	高
运行成本	药耗较大,成本较高	较低	一般

2. 工艺技术方案选择

主要考虑到有机物、色度去除率要求,方案三(厌氧+生物接触氧化+气浮工艺)具有较明显优势,故本设计拟采用此工艺。

具体工艺流程如图 7-3 所示。

图 7-3 印染废水处理工艺流程图

7.6.5 构筑物设计计算

1. 格栅

采用栅条型格栅,进水明渠净宽 $B_1 = 0.3$ m,栅前水深 $v_1 = 0.8$ m/s。

(1) 栅前水深的确定

已知 $Q = \dfrac{3000}{24 \times 3600}$ m^3/s ≈ 0.0347 m^3/s,根据最优水力断面公式 $Q = \dfrac{(2h)^2 v_1}{2}$,得栅前水深

$$h = \sqrt{\frac{Q}{2v_1}} = \sqrt{\frac{0.0347}{2 \times 0.8}}\, \text{m} \approx 0.147\,\text{m}$$

(2) 栅条间隙数的确定

$$n = \frac{Q\sqrt{\sin\alpha}}{ehv} = \frac{0.0347 \times \sqrt{\sin 60°}}{0.005 \times 0.147 \times 1.0}\, \text{个} \approx 44\, \text{个}$$

式中,Q——平均设计流量,0.0347 m^3/s;

α——格栅倾角,取 60°;

e——栅条净间隙,本设计为细格栅,间隙取 5mm;

v——过栅流速,m/s。

(3) 栅槽宽度的确定

$$B = S(n-1) + en = [0.01 \times (44-1) + 0.005 \times 44]\,\text{m} = 0.65\,\text{m}$$

式中,S——栅条宽度,取 0.01 m。

(4) 进水渠道渐宽部分的长度

设进水渠道宽 $B_1 = 0.30$ m,渐宽部分展开角 $\beta = 20°$,此时进水渠道内的流速为

$$v_1 = \frac{Q}{B_1 h} = \frac{0.0347}{0.30 \times 0.147}\,\text{m/s} \approx 0.787\,\text{m/s}$$

进水渠道渐宽部分长度

$$L_1 = \frac{B - B_1}{2\tan 20°} = \frac{0.65 - 0.30}{2 \times \tan 20°}\,\text{m} \approx 0.48\,\text{m}$$

出水渠道渐窄部分长度

$$L_2 = \frac{L_1}{2} = \frac{0.48}{2}\,\text{m} = 0.24\,\text{m}$$

（5）过栅水头损失

$$h_1 = kh_0 = k\xi\frac{v^2}{2g}\sin\alpha = 3\times 2.42\times\left(\frac{0.01}{0.005}\right)^{\frac{4}{3}}\times\frac{1.0^2}{2\times 9.8}\sin60°\text{m}\approx 0.808\text{m}$$

式中，k——格栅受污物堵塞后，水头损失增大的倍数，一般 $k=3$；

　　　ξ——阻力系数，与栅条断面形状有关，栅条为矩形断面时，$\xi=\beta\left(\frac{S}{e}\right)^{\frac{4}{3}}$，其中形状系数

　　　$\beta=2.42$。

（6）栅后槽总高度（H）

取栅前渠道超高 $h_2=0.3$m，则栅前槽总高度 $H_1=h+h_2=(0.147+0.3)\text{m}=0.447\text{m}$
栅后槽总高度

$$H=h+h_1+h_2=(0.147+0.808+0.3)\text{m}=1.255\text{m}，取\ 1.5\text{m}$$

（7）格栅总长度

$$L=L_1+L_2+0.5+1.0+0.447/\tan\alpha$$
$$=(0.48+0.24+0.5+1.0+0.447/\tan60°)\text{m}$$
$$\approx 2.48\text{m}$$

（8）每日栅渣

$$W=\frac{Q_{max}W_1\times 86400}{K_Z\times 1000}=\frac{0.0347\times 0.03\times 86400}{1000}\text{m}^3/\text{d}\approx 0.09\text{m}^3/\text{d}$$

式中，W_1——栅渣量，取 $0.03\text{m}^3/(10^3\text{m}^3)$；

　　　K_Z——废水流量总变化系数。

宜采用人工清渣。

2. 调节池

由于废水水质、水量波动较大，为保证后续处理的稳定性要求，应设置调节池。调节池水力停留时间取 6.0h。

1）调节池有效容积

$$V=QT=125\times 6.0\text{m}^3=750\text{m}^3$$

式中，Q——废水的平均流量，m^3/h，取 $0.0347\text{m}^3/\text{s}$ 或 $125\text{m}^3/\text{h}$；

　　　T——调节池调节时间，h。

2）调节池设计尺寸

设有效水深 $h=5$m，则调节池的表面积 $S=150\text{m}^2$。

取池长 15m、池宽 10m，设超高 0.6m，则实际池深

$$H=(0.6+5.0)\text{m}=5.6\text{m}$$

3. 水解酸化池

厌氧生物处理选择水解酸化池，可以在降解有机物的同时，提高废水的可生化性。

1）水解酸化池的有效容积

取平均水力停留时间 $T=4\text{h}$，有效水深 $H=4\text{m}$，则水解酸化池有效容积

$$V=QT=125\times4\text{m}^3=500\text{m}^3$$

2）水解酸化池设计尺寸

池平面面积

$$A=\frac{V}{H}=\frac{500}{4}\text{m}^2=125\text{m}^2$$

取池长 $L=16\text{m}$，池宽 $B=8\text{m}$，则实际设计水解酸化池面积 $A'=128\text{m}^2$；取超高 0.4m，则设计池深 4.4m。

池内设置填料，位于池底上方 0.4m 处，填料有效深度 3.5m。

4. 生物接触氧化池

1）生物接触氧化池填料容积

$$W=\frac{QS_0}{N_w}=\frac{3000\times400}{2000}\text{m}^3=600\text{m}^3$$

式中，Q——日平均污水流量，m^3/d；

　　　S_0——原污水 BOD_5 值，mg/L；

　　　N_w——BOD_5 容积负荷率，取 $2000\text{gBOD}_5/(\text{m}^3\cdot\text{d})$。

2）生物接触池总面积

$$A=\frac{W}{H}=\frac{600}{3}\text{m}^2=200\text{m}^2$$

式中，H——填料高度，m，一般取 3m。

3）生物接触氧化池座数

$$n=\frac{A}{f}=\frac{200}{56}\text{个}\approx4\text{个}$$

式中，f——单座生物接触格面积，取单池面积 56m^2（$8.0\text{m}\times7.0\text{m}$）；

　　　n——生物接触池座格数，一般 $n\geqslant2$，本设计为 4 座。

4）污水实际水力停留时间

$$t=\frac{nfH}{Q}=\frac{4\times56\times3}{3000}\times24\text{h}\approx5.4\text{h}$$

式中，t——污水在生物接触氧化池内实际停留时间，h。

5）池深

$$H_0=mH'+h_1+h_2+(m-1)h_3+h_4$$
$$=[3\times1+0.6+0.5+(3-1)\times0.2+0.5]\text{m}=5.0\text{m}$$

式中，H'——生物接触氧化池单层滤料高度，m，取 1m；

　　　h_1——超高，m，取 0.6m；

　　　h_2——填料上部稳定水层深，m，取 0.5m；

　　　h_3——填料层间隙高度，m，取 0.2m；

h_4——配水区高度,m,取 0.5m;

m——填料层数,取 3 层。

6)生物接触氧化池池内设施设计

(1)填料采用组合填料,分三层,层高 1m,所需填料容积为 $(4×56×3)m^3=672m^3$。

(2)进水采用廊道配水,廊道设在氧化池一侧,宽 1m,深 3m,则廊道内水流速度

$$v=\frac{Q}{nBb}=\frac{3000}{4×1×3}=250\text{m/d}≈2.9\text{mm/s}$$

(3)取气水比为 15∶1,则每池所需气量

$$q=15×\frac{Q}{n}=\frac{15×125}{4}\text{m}^3/\text{h}≈469\text{m}^3/\text{h}$$

(4)空气干管直径

$$D=\sqrt{\frac{4q}{3600×\pi×v_\mp}}=\sqrt{\frac{4×469}{3600×3.14×10}}\text{m}≈0.13\text{m}$$

其中,干管流速 $v_\mp$ 取 10m/s;干管取直径为 150mm。

(5)每池设穿孔管 5 根,穿孔管直径为

$$d_1=\sqrt{\frac{4×\frac{1}{5}×469}{3600×3.14×5}}\text{m}≈0.08\text{m}$$

其中穿孔管内流速取 5m/s。

(6)穿孔管孔眼直径 ϕ 取 6mm,孔眼空气流速 v 取 10m/s,则每个孔眼通气量为

$$q'=\frac{\pi}{4}×0.006^2×10\text{m}^3/\text{s}≈0.000\,28\text{m}^3/\text{s}$$

(7)每根穿孔管上的孔眼数

$$m=\frac{q}{5q'}=\frac{469}{5×0.000\,28}×\frac{1}{3600}\text{个}≈93\text{个}$$

5. 气浮池

采用部分回流水加压溶气气浮工艺,气浮池为平流式,回流比为 10%,反应时间为 15min,接触室上升流速为 20mm/s,气浮池分离室停留时间为 16min,气浮分离速度为 2mm/s;溶气罐过流密度取 150m³/(h·m²),溶气罐压力设定为 2.5kg/cm²。

1)气浮所需释气量

$$Q_g=QR'a_e\psi=\frac{3000}{24}×10\%×40×1.2\text{L/h}=600\text{L/h}$$

式中,Q_g——气浮所需释气量,L/h;

R'——回流比,取 10%;

a_e——溶气量,mL/L,取 40mL/L;

ψ——温度补偿因数,取 1.2。

2)加压溶气所需水量

$$Q_P=\frac{Q_g}{736\eta PK_T}=\frac{600}{736×90\%×2.5×2.43×10^{-2}}\text{m}^3/\text{h}≈14.91\text{m}^3/\text{h}$$

式中，P——选定的溶气压力，kg/cm^2；

$\quad\quad \eta$——溶气效率，经查表得 $\eta = 90\%$；

$\quad\quad K_T$——溶解度系数，假设工作温度为 19℃时取 $2.43 \times 10^{-2} L/(mmHg \cdot m^3)$。

实际回流比为

$$R' = \frac{Q_P}{Q} = \frac{14.91}{125} \approx 11.93\%$$

3）压力溶气罐尺寸

因为压力溶气罐的过流密度 L 取 $150m^3/(h \cdot m^2)$，故溶气罐直径

$$D_d = \sqrt{\frac{4Q_P}{\pi L}} = \sqrt{\frac{4 \times 14.91}{3.14 \times 150}} m \approx 0.355m，取为 0.5m$$

4）气浮池尺寸

（1）接触室设计

上升流速 v_0 取 $20mm/s$，则接触室表面积

$$A_0 = \frac{Q + Q_P}{v_0} = \frac{\frac{3000}{24} + 14.91}{20 \times 10^{-3} \times 3600} m^2 \approx 1.94m^2$$

设接触室宽度 $b_0 = 0.6m$，则接触室长度（即气浮池宽度）

$$B = \frac{A_0}{b_0} = \frac{1.94}{0.6} m \approx 3.23m，取 3.3m$$

接触室出口断面处流速 v_1 取 $20mm/s$（与接触室上升流速相一致），则断面处水深 $H_2 = b_0 = 0.60m$。

（2）分离室设计

分离室流速 v_s 选用 $2mm/s$，则分离室表面积

$$A_S = \frac{Q + Q_P}{v_s} = \frac{\frac{3000}{24} + 14.91}{2 \times 10^{-3} \times 3600} m^2 \approx 19.43m^2$$

分离室长度

$$L_S = \frac{A_S}{B} = \frac{19.43}{3.3} m \approx 5.89m，取 6.0m$$

（3）气浮池水深

$$H_{有效} = v_s t = 2 \times 10^{-3} \times 16 \times 60 m = 1.92m$$

式中，t——分离室停留时间，min，取 16min。

取超高 0.58m，则池深

$$H = (1.92 + 0.58)m = 2.5m$$

（4）气浮池有效容积

$$W = (A_0 + A_S)H = (1.94 + 19.43) \times 1.92 m^3 \approx 41.03m^3$$

气浮池实际容积

$$W' = (1.94 + 19.43) \times 2.5 m^3 \approx 53.43m^3$$

（5）接触室气、水接触时间

$$t_0 = \frac{H_0}{v_0} = \frac{1.92 - 0.6}{0.02}\text{s} = 66\text{s} > 60\text{s}$$

符合要求。

气浮池总停留时间

$$T = \frac{60W}{Q + Q_P} = \frac{60 \times 41.03}{\dfrac{3000}{24} + 14.91}\text{min} \approx 17.6\text{min}$$

（6）气浮池集水管

穿孔管集水，共两根（管中心间距 1.2m），每根集水管的集水量

$$q = \frac{Q + Q_P}{2} = \frac{\dfrac{3000}{24} + 14.91}{2}\text{m}^3/\text{h} \approx 69.96\text{m}^3/\text{h}$$

选用管径 $D_g = 200\text{mm}$，管中最大流速为 0.50m/s。

设集水管出水水头为 0.3m，则孔口流速

$$v_0 = \phi\sqrt{2gh_0} = 0.97 \times \sqrt{2 \times 9.81 \times 0.3}\text{m/s} \approx 2.35\text{m/s}$$

每根集水管的孔口总面积

$$\omega_t = \frac{q}{\varepsilon v_0} = \frac{69.96}{3600 \times 0.64 \times 2.35}\text{m}^2 \approx 0.013\text{m}^2$$

其中，ε、ϕ 分别为孔口收缩系数和孔口流速系数。

若孔口直径取 15mm，则每孔面积为 $0.000\,177\text{m}^2$，每个集水管的孔口数为

$$n = \frac{\omega_t}{\omega_0} = \frac{0.013}{0.000\,177}\text{个} \approx 74\text{个}$$

气浮池长为 6.0m，穿孔管有效长度 L 取 5.0m，则孔距

$$l = \frac{L}{n} = \frac{5.0}{74}\text{m} \approx 0.068\text{m}$$

孔口可在集水管两侧交错排列（与中垂线成 45°角）。

（7）释放器的选择与布置

根据溶气压力 2.5kg/cm^2 及回流溶气水流量 $14.91\text{m}^3/\text{h}$，选用 TS-Ⅱ释放器，管嘴直径 25mm，释放器出流量 q_p 为 $0.76\text{m}^3/\text{h}$，则释放器的个数

$$N = \frac{Q_P}{q_p} = \frac{14.91}{0.76}\text{个} \approx 20\text{个}$$

释放器分两排交错布置，行距 0.3m。释放器间距

$$l_p = \frac{2B}{N} = \frac{2 \times 3.3}{20}\text{m} = 0.33\text{m}$$

（8）投药量的确定

拟使用聚合氯化铝，投加浓度为 10mg/L，则投药量为

$$125 \times 10^{-3} \times 10\text{kg/h} = 1.25\text{kg/h}$$

7.6.6 平面高程布置

1. 平面布置

设计布置按照《室外排水设计规范(2016 年版)》(GB 50014—2006)的相应条款进行,根据各构筑物的功能要求和水力要求,结合地形和地质条件、风力与朝向综合考虑,废水处理构筑物、污泥处理构筑物以及管理设施宜分区集中布置。

为便于施工、运行管理和检修,构筑物之间必须留有 5～10m 间距。各构筑物间管渠避免迂回。主体构筑物宜设置放空管。鼓风机房尽可能靠近曝气池,附属设施应远离污泥处理设施,并位于夏季主导风向的上风向。

2. 高程布置

各构筑物间的管道按满流设计,计算沿程水损和局部水损。

1) 沿程水力损失

$$h_1 = iL$$

式中,L——计算管段长度,m;

i——水力坡度。

2) 局部水力损失

$$h_2 = \xi \frac{v^2}{2g}$$

式中,ξ——局部阻力系数,90°弯头为 0.35,三通为 1.0～1.5。

本设计流量为 3000m³/d,管径选取 200mm,则管内流速

$$v = \frac{Q}{\pi d^2/4} = \frac{3000/24 \times 3600}{3.14 \times 0.2^2/4} \text{m/s} \approx 1.11 \text{m/s}$$

具体水力损失计算结果见表 7-5。

表 7-5 水力损失计算

名　　称	沿程水损计算				局部水损/ m	构筑物 水损/ m	总水损/ m	设计落差/ m
	管长/m	管径/m	水力坡度	水损/m				
管网-气浮池	15.0	0.20	0.004	0.06	0.04	0.15	0.25	2.0
气浮池-氧化池	10.0	0.20	0.01	0.10	0.08	0.50	0.68	1.8
氧化池-水解池	15.0	0.20	0.01	0.15	0.02	0.03	0.20	0.20
水解池-调节池	8.5	0.20	0.01	0.09	0.04	0.15	0.31	调节池水由泵 提升至水解池
格栅-调节池	3.0	0.20	0.01	0.03	0.04	0.01	0.17	0.30
进水-格栅	2.0	0.20	0.01	0.02	0.00	0.00	0.02	0.30

最后再根据各构筑物相关尺寸,计算出构筑物的顶部和底部标高,并绘制高程图,如图 7-4 所示。

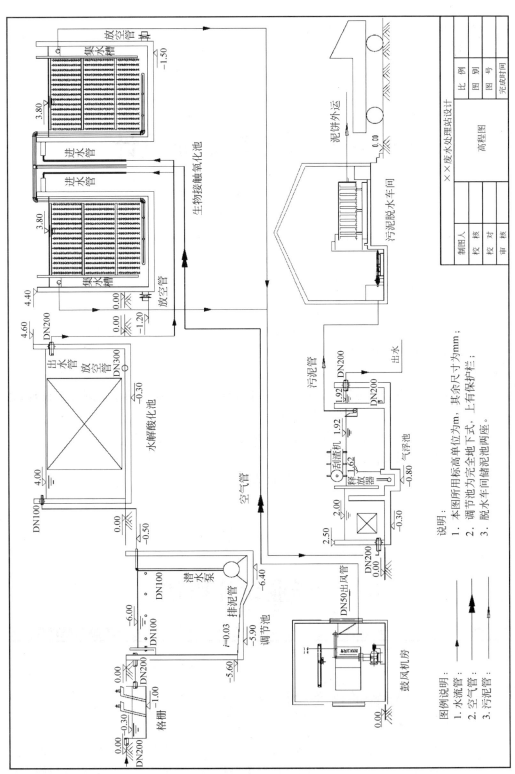

图 7-4 废水处理站高程图

第8章

水污染控制工程毕业设计

知识目标:
- 掌握污水处理方案的选择原则、方法。
- 掌握污水处理构筑物的设计参数选择、设计方法和设计过程。
- 掌握水污染工艺过程中相关设备的选型方法。
- 熟悉废水处理站高程和平面布置的原则和方法。
- 掌握工程投资概预算的方法。

技能目标:
- 具备初步工程设计能力,能根据设计题目和要求进行相应的污水处理方案设计,并对具体构筑物进行选型、设计和计算。
- 具有使用数据库查阅文献,并对文献内容进行汇总分析的能力。
- 具备初步经济投资概预算能力。
- 具备 CAD 制图能力及技术文件编写能力。

8.1　毕业设计概述

8.1.1　毕业设计的目的和任务

　　毕业设计作为本科教学过程的重要实践教学环节,对培养学生综合运用所学基础理论、基本知识和基本技能,解决实际问题的能力有着重要作用。环境工程专业属于典型的工程类专业,污水处理又是本专业的重点学习内容,因此结合教学科研和生产实际的需要,做好污水处理工程毕业设计,不但能够加深学生对所学专业知识的理解,而且能提高学生的动手能力、设计能力和实际工程能力,同时对于实现培养目标、保证培养质量、提高学生就业竞争力等也具有重要意义。

8.1.2　毕业设计要求

毕业设计应该尽量模拟实际设计过程,但由于受时间和学生专业能力的限制,为保证学生在有限的时间内能经历整个设计过程,每个过程的工作量可适当减少。毕业设计的基本要求如下。

1. 培养学生能力要求

(1)应使学生掌握查阅本专业中文、外文文献资料和工具书的方法,掌握相关工程设计的原则、方法和规范,具备初步设计计算能力、图表绘制能力、技术文件编写能力。

(2)在毕业设计期间,指导教师应根据培养目标、培养规格要求,有针对性地安排学生参加实习、实验、项目编程等实际工作。

(3)毕业设计环节中,结合工程学科的特点,对学生进行一定任务量的图纸绘画训练,并在最终的毕业设计文本中附加一定数量的图纸要求。

(4)在毕业设计的过程中,引导学生树立正确的设计思想,培养学生严肃认真的科学态度,与他人合作的团队意识和高度负责的敬业精神。

2. 指导教师负责制

学生应在教师指导下,在教学计划规定的时限内完成毕业设计。为保证毕业设计质量,具备独立指导毕业设计资格的教师,每位教师指导的学生人数原则上理工类一般为6人,如有师资不足等情况,最多不超过10人。

3. 毕业论文质量要求

(1)学生应撰写与毕业设计课题直接相关的毕业论文,不少于2万字。毕业生应根据毕业论文撰写400字左右的中英文摘要。毕业设计中每人图纸不少于4张。

(2)毕业论文必须按照学校统一规定的格式要求编排打印,同时要求学生提交一份电子文档。毕业设计及论文中的科学计算、图表绘制、信息处理,应尽量采用计算机实现且符合有关标准,以提高学生的计算机应用水平。

8.1.3　毕业设计内容及成果

1. 毕业设计内容及时间安排

毕业设计过程包括下达设计任务书、学生查阅文献收集资料、结合毕业实习提出初步处理工艺方案、撰写开题报告、确定合理工艺流程、选择构筑物类型并设计计算、绘制图纸、撰写设计说明书等环节。毕业设计各阶段工作内容和进度安排一般可以参照表 8-1 进行。

表 8-1 毕业设计各阶段工作内容安排

进度安排	设计阶段	工作内容
第 1 周	布置设计题目,毕业实习	毕业设计和实习动员,下达设计任务书,安排实习事宜
第 2～3 周	查阅文献资料,毕业实习	查阅文献资料,进行汇总归纳。 毕业实习
第 4 周	设计方案论证,完成开题报告	完成毕业实习报告。 根据设计任务,提出设计方案,并进行论证,完成开题报告
第 5～8 周	初步设计,完成初步设计说明书	单体构筑物的设计计算,初步确定构筑物形式和主要尺寸,撰写初步设计说明书
第 9～12 周	绘制图纸	进行高程和平面布置,并完成工艺图、高程图、平面图、单体构筑物相关图纸的绘制
第 13～14 周	设计成果整理	整理完成设计文件,规范设计说明书格式和内容,打印出图
第 15 周	毕业答辩	总结毕业设计内容,制作答辩 PPT,准备和参加毕业答辩

2. 毕业设计成果

毕业设计成果应包括所选污水处理工艺的设计说明书和计算书,污水处理厂(站)的总平面图和高程图,主要处理构筑物的施工图等。

1) 设计说明书和计算书的主要内容

(1) 概述:简单介绍设计的总体概况。

(2) 进水来源分析:主要分析废水水质、水量特点以及排放标准,并根据其设计多个备选处理工艺。

(3) 污水处理工艺方案比较和选定:对备选方案从去除效率、技术先进性、占地面积、运行管理方便度、投资等方面进行比较,分析技术和经济优缺点,从而选定最佳方案。

(4) 对选定工艺流程进行说明:对选定工艺的具体构筑物功能、选型进行详细分析说明。

(5) 单体构筑物设计计算:通过计算确定各个单体构筑物的具体尺寸,并对配套设备的型号、投加药剂的种类和投加量等进行说明。

(6) 平面和高程布置:根据处理厂的布局要求和工艺特点进行平面布局,同时计算各个构筑物的高程。

(7) 经济投资概预算:根据容量或面积粗算土建费用、查询相关设备费用、粗略计算投资成本和运行成本。

(8) 其他:包括主要设备型号、配置等相关说明。

2) 图纸要求

一般要求绘制工艺图图纸,包括流程图、平面布置图、高程布置图和主要单体构筑物图纸,其他配套结构、电气等专业图纸不作要求。

8.2 污水处理厂(站)址和工艺流程的选择

8.2.1 污水处理厂(站)址选择的原则

污水处理厂(站),尤其是城市污水处理厂的厂址选择非常关键,它关系着整个污水处理工程建设的方案合理性,选址时有必要综合考虑当地规划、环境保护、处理工艺以及总投资费用等影响因素,确定最优厂址。一般需要遵守的原则和规范有以下几点。

(1) 污水厂应设在地势较低处,便于城市污水自流入厂内,减少工程土石方量,沿途尽量不设或少设泵站提升。

(2) 污水厂宜设在水体附近,便于处理后的污水就近排入水体,并无须提升。排入的水体应有足够的环境容量,以减少处理水对水体的影响。

(3) 厂址应位于集中给水水源的下游,或者达到饮用水水源保护区范围外的上游,并应在城镇、工厂厂区及居住区的下游和夏季主导风向的下方。

(4) 厂址应尽可能少占或不占农田,且应设在地质条件较好的地段,便于施工、降低造价。

(5) 厂址不宜设在雨季容易受淹没的低洼处。

(6) 污水处理厂选址应考虑污泥的运输和处置,宜靠近公路和河流。厂址处要有良好的水电供应。

(7) 选址应结合城市的总体规划,注意城市的近远期发展问题。厂址用地还应考虑扩建的可能。

污水处理厂选址一般要结合规范要求进行比选,但同时也要求具体问题具体分析。在实际工作中,应结合当地可供选择场地的特点,综合考虑规划、环保、处理工艺、投资等方面因素,确定技术经济最佳方案,保证污水处理厂工程建设的科学实施。

例如,某市拟新建一污水处理厂,经现场踏勘,有三个项目位置符合当地的总体发展规划和城区排水专项规划(见表 8-2)。这三个方案中的厂址均位于城市下游,地质、地形条件相似;场地标高均高出排放河段 50 年一遇的设计洪水位标高(366.50m)约 1.5m,符合厂区的防洪排涝要求。现根据上述选址原则,对本污水厂三个选址方案中不同的地方进行比较,如表 8-2 所示。

表 8-2 污水厂厂址方案比较

比较项目	方　案　一	方　案　二	方　案　三
对居民区影响	位于城市主导风向的下风向	位于城市主导风向的下风向	位于城市主导风向的下风向

续表

比较项目	方 案 一	方 案 二	方 案 三
扩建的可能性	占地面积已基本确定,有少量(20%)扩建的余地	有巨大的扩建余地	没有扩建余地
交通运输条件	该厂址的东、西两侧规划建设24m宽道路,交通比较方便	该厂址的东、南侧分别规划建设40m、24m宽道路各一条,交通方便	该厂址的西侧规划建设14m宽道路,交通不方便
污泥排放	污泥排放、运输和利用方便	污泥排放、运输和利用方便	处低洼地带,污泥排放、运输和利用不方便
与总体规划和排水专项规划关系	符合	符合	符合
饮用水源保护区	处在一水厂水源二级保护区外,准保护区内	处在一水厂水源二级保护区外,准保护区内	处在一水厂水源二级保护区外,准保护区内
工程施工条件	厂址地面高程高,进厂管埋设深,厂区施工方便,且周边农户较多,拆迁量大,工程实施困难	处于城市片区下游,有利于收集整个城市的污水,卫生防护条件好,地势平坦,基本无拆迁。进厂管道埋设较浅	位于规划区下游,地势较低。但是乐宜高速和成贵铁路穿越厂址正前方,进厂污水管道施工极不方便
综合比较结论	技术经济性、可实施性较好	技术经济性、可实施性好	技术经济性、可实施性差

由表 8-2 可知,方案二厂址具有对环境影响小、土地征用容易、交通方便、易于实施等优点,且处于所有水厂取水点的二级保护区范围外,位于自来水一水厂取水点准保护区内(与一水厂的取水点直线间距 5100m),建议污水处理厂进行深度处理,排污标准执行一级 A 标准。所以推荐方案二厂址作为这一污水处理厂的厂址。

8.2.2 污水处理工艺流程的选择

污水处理工艺流程是用于某种污水处理的工艺方法的组合。通常根据污水的水质和水量,回收的经济价值,排放标准及其他社会、经济条件,经过分析和比较,必要时还需要进行实验研究,来决定所采用的处理流程。一般原则是:改革工艺,减少污染,回收利用,综合防治,技术先进,经济合理等。在进行流程选择时应注重整体最优,而不只是追求某一环节的最优。具体见 7.4 节相关内容。

8.3　污水处理厂（站）总体布置

8.3.1　污水处理厂平面布置

污水处理厂厂区内有各处理单元构筑物，连通各处理构筑物之间的管、渠及其他管线，辅助性建筑物，道路以及绿地等。

1. 各处理单元构筑物的平面布置

处理构筑物是污水处理厂的主体建筑物，在进行平面布置时应根据各构筑物的功能要求和水力要求，结合地形和地质条件，确定它们在厂区内的平面位置。对此，应考虑以下方面。

（1）贯通、连接各处理构筑物之间的管、渠，使之便捷、直通，避免迂回曲折。土方量做到基本平衡，并避开劣质土壤地段。

（2）在处理构筑物之间应保持一定距离，以保证敷设连接管、渠的要求。一般的间距可取5～10m；某些有特殊要求的构筑物，如污泥消化池、沼气储罐等，其间距应按有关规定确定。

（3）各处理构筑物在平面上布置应尽量紧凑，同时减少各处理构筑物之间的管线长度。

（4）污泥处理构筑物应考虑尽可能单独布置，以方便管理，应布置在厂区夏季主导风向的下风向。

2. 管渠的平面布置

（1）在各处理构筑物之间，设有贯通、连接的管和渠。此外，还应设有可以使各处理构筑物能够独立运行的管、渠，以便当某一处理构筑物因故停止工作时，其后接处理构筑物仍能够保持正常运行。

（2）应设置事故排放管（超越管），它可超越全部处理构筑物，将污水直接排入水体。

（3）在厂区内应设有空气管路、沼气管路、给水管路及输配电线路。这些管线有的敷设在地下，但大多在地上，对它们的安装既要便于施工和维护管理，又要紧凑，少占用地。

3. 辅助建筑物的平面布置

污水厂内的辅助建筑物有中央控制室、配电间、机修间、仓库、食堂、宿舍、综合楼等，它们是污水处理厂不可缺少的组成部分。

辅助建筑物建筑面积的大小应按具体情况而定。辅助建筑物的设置应根据方便、安全等原则确定。例如：鼓风机房应设于曝气池附近，以节省管道与动力；变电所宜设在耗电量大的构筑物如泵房等附近；化验室应设在综合楼内，远离污泥堆厂、机器间和污泥干化场，以保证良好的工作条件；办公室、化验室等均应与处理构筑物保持适当距离，并应位于

处理构筑物的夏季主导风向的上风向处；操作工人的值班室应尽量布置在使工人能够便于观察各处理构筑物运行情况的位置。

4. 厂区绿化

平面布置时应安排充分的绿化地带，改善卫生条件，为污水厂工作人员提供优美的环境。

5. 道路布置

在污水厂内应合理地修建道路，以方便运输，要设置通向各处理构筑物和辅助建筑物的必要通道，道路的设计应符合如下要求。

(1) 主要车行道的宽度：单车道为 3～4m，双车道为 6～7m，并应有回车道。

(2) 车行道的转弯半径不宜小于 6m。

(3) 人行道的宽度为 1.5～2.0m。

(4) 通向高架构筑物的扶梯倾角不宜大于 45°。

(5) 天桥宽度不宜小于 1m。

8.3.2 污水处理厂处理工艺高程布置

污水厂高程布置的主要任务是计算确定主要控制点（水高、接管等）的标高，使污水能够沿流程在各处理构筑物之间流畅流动。高程图上的垂直和水平方向比例尺一般不相同，一般垂直比例取 1∶50～1∶100，而水平比例取 1∶500～1∶1000，使图纸醒目、协调。

1. 高程布置的原则

(1) 计算各处理构筑物的水头损失时，应选择一条距离最长、水头损失最大的流程进行较准确的计算，考虑最大流量、雨天流量和事故时流量的增加，并应适当留有余地，以防止淤积时水头不够而造成涌水现象，影响处理系统的正常运行。

(2) 计算水头损失时，以最大流量（设计远期流量的管渠与设备，按远期最大流量考虑）作为构筑物与管渠的设计流量。还应当考虑当某座构筑物停止运行时，与其并联运行的其余构筑物与有关的连接管渠能通过全部流量。

(3) 高程计算时，常以受纳水体的最高水位作为起点，逆废水处理流程向上倒推计算，以使处理后的废水在洪水季节也能自流排出，并且水泵需要的扬程较小。如果最高水位较高，应在废水厂处理水排入水体前设置泵站，水体水位高时抽水排放。如果水体最高水位很低，可在处理水排入水体前设跌水井，处理构筑物可按最适宜的埋深来确定标高。

(4) 在进行高程布置时，还应注意污水流程与污泥流程的配合，尽量减少需要提升的污泥量。

2. 高程布置水头损失的确定

进行污水厂处理高程布置时，所依据的主要技术参数是构筑物高度和水头损失。水头损失为两构筑物之间的水面高差。污水厂的高程布置就是确定各构筑物的高程。如进水沟道和出水沟道之间的水位差大于整个处理厂需要的总水头,则厂内就不需设置废水提升泵站;反之,就必须设置泵站。

在处理流程中,各构筑物之间水流应为重力流,相邻构筑物的相对高差取决于这两个构筑物之间的水面高差。这个水面高差的数值就是流程中的水头损失,它主要由三部分组成,即构筑物本身的水头损失、连接管(渠)的水头损失及计量设施的水头损失。

1) 处理构筑物中的水头损失

构筑物的水头损失与构筑物种类、形式和构造有关。初步设计时,可按一些资料进行估算。水头损失主要产生在进口、出口和需要的跌水处,而流经构筑物本身的水头损失则较小。一般可采用经验数据,必要时通过计算确定。

2) 构筑物连接管(渠)的水头损失

它包括沿程与局部水头损失,可按下式计算确定:

$$h = h_沿 + h_局 = \sum il + \sum \xi \frac{v^2}{2g} \quad (m) \tag{8-1}$$

式中,$h_沿$——沿程水头损失,m;

$h_局$——局部水头损失,m;

i——单位管长的摩阻,由管径 D 和流速 v,查相关手册就可以得到此值;

l——连接管段长度,m;

ξ——局部阻力系数,查相关手册可得到此值;

v——连接管中流速,m/s,一般为 0.6~1.2m/s;

g——重力加速度,m/s²。

连接管中流速一般为 0.6~1.2m/s,进入沉淀池时流速可以低些,进入曝气池或反应池时流速可以高些。流速太低,会使管径过大,相应管件及附属构筑物规格亦增大;流速太高时,则要求管(渠)坡度较大,会增加填、挖土方量等。

3) 计量设施的水头损失

计量槽、薄壁计量堰、流量计的水头损失可通过有关公式、图表或设备说明书确定。一般污水厂进、出水管上计量仪表中水头损失可按 0.2m 计算,流量指示器中的水头损失可按 0.1~0.2m 计算。

8.4　技术经济分析

建设项目的技术经济分析就是通过对项目多个方案的投入费用和产出效益进行计算,对拟建项目的经济可行性和合理性进行论证分析,做出全面的技术经济评价,经比较后确定推荐方案,为项目的决策提供依据。一般污水处理工程除需计算项目的直接费用、间接费用外,还应评估项目的直接效益和间接效益,从社会、环境和经济等方面综合判断项目的合理性。

1. 技术经济分析主要内容

(1) 处理工艺技术水平比较:包括处理工艺路线与主要处理单元的技术先进性和可靠性、运行稳定性、操作管理的复杂程度、各级处理的效果与总效果、出水水质、污泥处理与处置、工程占地面积、施工难易程度、劳动定员等。

(2) 经济水平比较:包括工程总投资、经营管理费用(处理成本、折旧与大修费用、管理费用等)和制水成本(水处理及相应的污泥处理过程所发生的各种费用)。

一个方案的技术指标或经济指标全部优于另一个方案的可能性较小,在比较过程中应注重综合比较,除注意可比性的指标外,还应结合不同时期、不同地区的实际情况,做出科学的、全面的综合性比较。

2. 基础建设投资费用与经营管理费用

1) 基础建设投资费用

基础建设投资又称工程投资,指项目从筹建、设计、施工、试运行到正式运行所需要的全部资金,分为工程投资估算、工程建设设计概算和施工图预算三种。基础建设投资由工程建设费用、其他基础建设费用、工程预备费、设备材料价差预备费和建设期利息组成。其中,工程建设费用也称为第一部分费用,由建筑工程费、设备购置费、安装工程费及生产用具购置费组成。第二部分费用则指其他基本建设费用,包括土地补偿费、安置费、建设单位管理费、实验研究费、培训费、勘察设计费等。

2) 经营管理费用

经营管理费用包括能源消耗费(动力费)、工资福利费、药剂费、检修维护费、折旧提存费、其他费用(行政管理费、辅助材料费等)。

(1) 能源消耗费

计算公式为

$$E_1 = \frac{365 \times 24 \times P \times d}{K} \tag{8-2}$$

式中,P——污水处理系统内的污泥泵、鼓风机和其他机电设备的功率总和(不包括备用设备),kW;

d——电费单价,元/(kW·h);

K——水量总变化系数。

(2) 工资福利费

计算公式为

$$E_2 = AM \tag{8-3}$$

式中,A——职工每人每年平均工资及福利,元/(a·人);

M——职工定员,人。

（3）药剂费

计算公式为

$$E_3 = 365 \times 10^{-6} Q \sum A_i B_i \tag{8-4}$$

式中,Q——平均日处理水量,m^3/d;

A_i——第 i 种化学药剂的平均投加量,mg/L;

B_i——第 i 种化学药剂的单价,元/t。

（4）检修维护费

检修维护费用一般应按固定资产总值的 1% 提取,易受腐蚀的构筑物和设备,应视实际情况予以调整。计算公式如下:

$$E_4 = S \times 1\% \tag{8-5}$$

式中,S——固定资产总值,元/a,$S=$工程总资产×固定资产投资形成率,固定资产投资形成率一般取 $90\% \sim 95\%$。

（5）折旧提存费

计算公式为

$$E_5 = SK \tag{8-6}$$

式中,S——固定资产总值,元/a;

K——综合折旧提存率,一般取 $4.5\% \sim 7.0\%$。

（6）其他费用

其他费用 E_6 包括行政管理费、辅助材料费等,计算公式为

$$E_6 = (E_1 + E_2 + E_3 + E_4 + E_5) \times 10\% \tag{8-7}$$

（7）单位制水成本

计算公式为

$$T = \frac{\sum E_i}{\sum Q} = \frac{E_1 + E_2 + E_3 + E_4 + E_5 + E_6}{365Q} \tag{8-8}$$

3. 社会与环境效益评估

主要内容包括:

（1）对当地社会、经济发展和人民生活水平提高带来的重要影响,促进可持续发展的作用。

（2）削减污染物和污水的排放,改善水环境质量,对农业和水产养殖业等方面的积极影响。

（3）改善环境,减少疾病,提高人民健康水平,减少医疗卫生费用,提高劳动生产率等方面的影响和作用。

（4）环境改善对当地旅游业、地价等的有利影响。

8.5 环境工程 CAD 制图基本知识

8.5.1 环境工程中 CAD 技术应用

根据环境工程设计的需要,可以将 CAD 技术应用于厂址选择与平面布置、工艺流程设计、管道布置设计、环保设备的设计与选型等环节,提高环境工程设计的先进性和科学性。目前,CAD 技术在环境工程中的应用主要有两个方面。

1. 环境工程二维图形设计

在环境工程设计过程中,经常用到的二维图形通常包括以下类型:工艺流程图、高程图、表格图、总平面图、设备布置图、管道布置图、机械零件图、机械装配图等。

工艺流程图中通常包括许多流程线、箭头、设备外形图及其标注。高程图的特点是包括流程线、许多阀门符号、高度符号标注等内容,各种图形符号,包括阀门符号,通常被制作于图形符号库,从库中直接调用即可,如果没有库,就只好采用交互绘制方法了。总平面图基本属于建筑图领域,一般包括道路、建筑物外形、河流、环境工程的管道、风向标、构筑物表格等内容。设备布置图中一般包括设备外形、建筑物墙体、各种标注、高度符号、轴线序号、尺寸、表格、楼梯、门窗外形等内容。管道布置图通常包括管道、各种阀门、水龙头、下水地漏标注、高度符号、轴线符号等,管道通常采用带有轴测角度的、一定宽度的多义线绘制。以上二维图的绘制都可采用 AutoCAD 软件完成。

2. 环境工程中数据处理技术

在工程设计过程中,经常需要引用一系列的数据资料,比如有关的图表、各种标准、实验曲线、各种规范等,在传统的设计过程中,这些资料通常由人工查询手册或标准获得,而在 CAD 过程中,这些数据应该由计算机来处理。

设计资料有两种处理方法。一种是程序化,即根据数表及线图进行查表、处理或计算,这一过程是在应用程序的内部完成。将数表中的数据或线图离散化后,通过一维、二维或多维数组的形式存入计算机,检索数据时,可以使用查表或插值的检索方法,还可以将数表或线图拟合成公式,通过编制计算程序来算出所需的数据。处理过程中,一般先将输入的各自变量值转换成因变量数组的各维下标,根据下标就可以查到因变量的值,对于具有结构体数据类型的编程语言,还可以采用结构体数组的方法进行数表程序化,具有更直观的特点。另一种是数据(或数据库)文件存储,将数表及线图中的数据按一定的文件结构输入计算机,存放在数据(或数据库)文件中,这些数据独立于应用程序,但又可以为应用程序服务。

总之,我国目前环境工程 CAD 技术的应用已经相当普及,但在专业性、易用性、灵活性等方面还有待提高。

8.5.2 CAD 制图相关标准

1. 图幅和图标

选用国家标准图幅,如表 8-3 所示。

表 8-3 国家标准图幅

图幅	尺寸/(mm×mm)	图幅	尺寸/(mm×mm)
A0	1189×841	A3	420×297
A1	841×594	A4	297×210
A2	594×420		

2. 比例

可在 CAD 中按实际构筑物或设备尺寸(单位:mm)画出,如果看不到图的全貌,可从菜单中选择"视图"→"缩放"→"全部"命令,即可看到全部图形。

所有图形放在相应图幅大小的图框中,如 A1、A2 等图纸中,可将相应图纸实际尺寸放大一定的比例,再将图形放入图框中。绘图所用比例可按照表 8-4 进行选择。例如,可把 A1 图纸(841mm×594mm)按 841mm×594mm 画出图框,再放大 100 倍,将图形放入图框中,则图纸比例为 1∶100。

表 8-4 绘图所用比例

常用比例	1∶1	1∶2	1∶5	1∶10	1∶20	1∶50
	1∶100	1∶200	1∶500	1∶1000		
	1∶200	1∶5000	1∶10 000	1∶20 000		
	1∶50 000	1∶100 000	1∶200 000			
可用比例	1∶3	1∶15	1∶25	1∶30	1∶40	1∶60
	1∶150	1∶250	1∶300	1∶400	1∶600	
	1∶1500	1∶2500	1∶3000	1∶4000		
	1∶6000	1∶15 000	1∶30 000			

水处理构筑物的平面图和剖面图通常采用较大比例,一般可取 1∶50～1∶100,大小视复杂程度而定。

3. 图线

绘图过程中的线宽比如表 8-5 所示,其中,管道取 b,轮廓线取 $0.5b$,细线取 $0.35b$。

表 8-5 绘图线宽比

线 宽 比	线宽组/mm					
b	2.0	1.4	1.0	0.7	0.5	0.35
$0.5b$	1.0	0.7	0.5	0.35	0.25	0.18
$0.35b$	0.7	0.5	0.35	0.25	0.18	

注：在画图之前可先设置图层，在图层中设置图线的线宽、颜色、线型。在图中所画的图形，全部可设为不同的图层。

在绘制土建构筑物时，可采用以下画法：三线画的大直径管道轮廓线、单线画的小直径管道用粗实线（宽度为 b）画出；构筑物中的池体、附属设备及构件的轮廓线，以及剖面图中的断面轮廓线宜选用中实线（宽度为 $0.4b$）绘制；中心线、尺寸线、引出线等均用虚实线（$0.2b$）绘制。

4. 字体

一般文字的最小字号为 5 号（5mm），数字和尺寸的最小字号为 3.5。字体采用长仿宋体，字高：字宽一般为 0.7。在实际作图中，应将字号按图纸比例放大。例如，某图纸比例为 1：100，想在图中画 5mm 高的字，则在图中实际画的字高大小为 500mm。

5. 尺寸标注

尺寸标注时，可先自定义一个标注样式，其中可调整标注特征比例为图纸比例。

在构筑物工艺图中，除了对主要管道宜标注出管道名称和公称直径外，其他管道可忽略不注。

在水处理构筑物工艺图中，宜标注出各部分的定形和定位尺寸，以及构筑物的外包尺寸等。管道可从池壁或坑壁来定位，圆形水池可从通过圆中心线的圆弧角度来定位，定位尺寸均以管道的中心线为准。尺寸要尽可能标注在反映其形体特征的视图上，同类性质的尺寸应适当集中，尺寸位置应在清晰的位置，不宜与视图有太多的重叠和交叉，也不应有过多的重复标注。

在剖面图中，应标注出池顶、池底、进出口等构筑物的主要部位以及水面、管道中心线、地坪等处的相对标高。常以池底或室外地坪作为相对标高的零点。

6. 土建设施

水池的土建部分大多是钢筋混凝土结构，另有结构图详细表达出池身大小、钢筋的配置、预埋件的位置等，以供土建施工。因此，在构筑物工艺图中，只需按投影画出池身形体的可见轮廓线及被剖到的断面轮廓线即可。在剖面图的池身剖面上，可只画出部分材料图例示意，确保剖面清晰，不易混淆。

7. 标高的标注

在施工图中经常用细实线绘制高为 3mm、三角形的尖端或向上或向下的等腰直角三角形来标注高度（见图 8-1）。在标注的过程中要注意以下几点。

（1）总平面图室外地坪标高符号为涂黑的等腰直角三角形，标高数字注写在符号的右侧、上方或右上方。

（2）主要地面的零点标高注写为±0.00。低于零点标高的为负标高，标高数字前加"－"号，如－0.45；高于零点标高的为正标高，标高数字前可省略"＋"号，如3.00。

（3）在标准层平面图中，同一位置可同时标注几个标高。

（4）标高符号的尖端应指至被标注的高度位置，尖端可向上，也可向下。

（5）标高的单位为米，一般标注到小数点后的两位至三位。

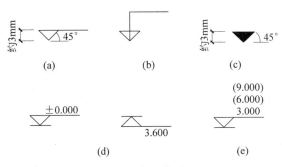

图8-1 标高标注

（a）标高符号中三角形具体画法；（b）平面、总平面图标高符号；（c）平面图上的接地面标高符号；
（d）标高的指向；（e）同一位置标注多个标高

8. 管道及其配件

大直径管道按比例用三线管道图绘制，小直径管道可用单线管道图绘制。管道上的各种阀门等配件，可按《建筑给水排水制图标准》（GB/T 50106—2010）画出，不必画其真实的投影轮廓。弯管、丁字管等管件，则按其准确尺寸画出外形轮廓。管道的连接可按《建筑给水排水制图标准》（GB/T 50106—2010）的管道连接画法表示。

为了便于读图及施工，设备、管道及配件应该编号，以指引线引出直径为6mm的细实线圆，圆内用阿拉伯数字顺序注写编号。相同配件的编号应相同，同时按编号列出工程量表，以便统计。

当管道太长或管道交叉、重叠，影响视图的表达时，可在重叠处将前面的管道截断，以露出后面被遮挡的管段。为清楚显示管道的圆截面，可在圆截面的左上角画一个月牙形的阴影。

9. 附属设备

对于滤池中的附属设备及细部构造，一般只需画出外形轮廓即可。当附属设备不能套用标准图案时，应另画出详图，并用索引符号索引。在直径10mm的细实线圆中，用一段水平直径分开上、下半圆，上半圆内的数字为详图编号，下半圆内的数字为详图所在图纸的编号。

10. 详图

对于在构筑物工艺平面图、剖面图中不能表达清楚的细部构造、管道安装、附属设备等，需要用较大比例，另行绘制出详图。

11. 工艺图及其详图的绘图步骤

（1）根据构筑物工艺流程及其形体特征，确定剖切位置及剖面图数量。选择合适比例，按照所选比例及构筑物的特点，估计自绘非标准详图的数量。

（2）根据图形数量及其大小选择图幅，进行图画布置。

（3）绘制构筑物工艺图及其详图，一般从平面图开始画起，然后画相应的剖面图，最后画出必要的详图。在画平、剖面图及详图时，一般应首先画出池体的各个视图；再按照各管道的定位尺寸及标高，画各个视图中各管道的中心线；接着根据管径及管道配件的尺寸，画出管道的轮廓线；然后画出附属设备及构件，如排水槽、水头损失仪等。

（4）注写设备、管道及配件的编号，并按照编号绘制工程量表。

（5）检查无误后，按要求加深图线，注写索引符号、尺寸、标高及文字说明等。

12. 其他问题

如果出现图案无法填充的情况，则可首先观察是否图形已完全封闭（可放大看），或者修改填充比例，一般放大至 1～10 倍。

13. 特殊要求

（1）平面图须标出每个构筑物的坐标，可以令图中某个角为(0,0)，选择方形构筑物的一角或圆心为坐标点，可通过查询功能查找坐标(X,Y)；平面图还应进行道路、绿化的设置；平面图应列表说明各构筑物的尺寸、材质。

（2）高程图在高程上按比例画图，其他不需按比例画。

（3）在构筑物的立面图上，高度应以标高标出，并列出各设备的规格和型号。

（4）每张图上必须配上必要的设计说明，如单位、材料等。

（5）在每张图的明细表上应标明图的名称、图幅、比例、设计者等信息。

8.6 城市污水处理工艺毕业设计案例

8.6.1 设计题目

设计题目为某新建城镇污水处理厂设计。

城镇污水是指城镇居民生活污水，机关、学校、医院、商业服务机构及各种公共设施排水,以及允许排入城镇污水收集系统的工业废水和初期雨水等。我国幅员广大,自然条件及经济发展水平相差悬殊,城镇区域特点、产业结构及主要功能也各不相同,导致城镇污水的特性、收集方式、排放水体状况、设计用地、选用工艺等均不相同。因此,在进行城镇污水处理工程的设计过程中,需要进行充分的调查研究,参考国内外经验和相应技术政策,才能制定出符合当地地域条件、经济水平和技术力量的污水处理方案。

8.6.2　设计任务及要求

1. 设计规模

本项目中的污水处理厂按照远期2025年一期2.6万t/d进行设计建设,由于没有工业废水的变化系数,因此按照生活污水量变化取流量变化系数。污水处理厂主要处理构筑物拟分为两组,每组处理规模为1.3万t/d,这样既可满足近期处理水量要求,又留有空地以备后期扩建之用。

2. 进出水水质

污水进出水水质见表8-6。

表8-6　某城镇污水处理厂进出水水质

类　别	COD_{Cr}/(mg/L)	BOD_5/(mg/L)	SS/(mg/L)	$NH_3\text{-}N$/(mg/L)	TP/(mg/L)
进　水	380	190	240	49	4.9
出　水	60	20	20	15	1

该水经处理以后,水质应符合国家《城镇污水处理厂污染物排放标准》(GB 18918—2002)中的一级B标准。

3. 处理程度的计算

1) 溶解性BOD_5的去除率

活性污泥处理系统处理水中的BOD_5值由残存的溶解性BOD_5和非溶解性BOD_5组成,后者主要是以生物污泥的残屑为主体。活性污泥的净化是去除溶解性BOD_5。因此从活性污泥的净化功能来考虑,应将非溶解性的BOD_5从处理水的总BOD_5值中减去。

处理水中非溶解性BOD_5值可用下列公式求得(此公式仅适用于氧化沟):

$$BOD_{5f}=0.7C_e \times 1.42(1-e^{-0.23\times5})=0.7\times20\times1.42(1-e^{-0.23\times5})\text{mg/L}$$
$$\approx 13.6\text{mg/L}$$

因此处理水中溶解性BOD_5为

$$(20-13.6)\text{mg/L}=6.4\text{mg/L}$$

则溶解性 BOD_5 的去除率为

$$\eta = \frac{190 - 6.4}{190} \times 100\% \approx 96.63\%$$

2）COD_{Cr} 的去除率

$$\eta = \frac{380 - 60}{380} \times 100\% \approx 84.21\%$$

3）SS 的去除率

$$\eta = \frac{240 - 20}{240} \times 100\% \approx 91.60\%$$

4）氨氮的去除率

$$\eta = \frac{49 - 15}{49} \times 100\% \approx 69.39\%$$

5）总磷的去除率

$$\eta = \frac{4.9 - 1}{4.9} \times 100\% \approx 79.6\%$$

8.6.3 工艺流程选择

1. 工艺流程方案比较

城市污水处理厂的方案,既要考虑有效去除 BOD_5 又要适当去除 N、P,故可采用的工艺有 SBR、氧化沟、A/A/O 工艺,以及一体化反应池即三沟式氧化沟的改良设计。

1）SBR 法

（1）工艺流程

污水→一级处理→曝气池→处理水

（2）工作原理

① 流入工序:注入废水,注满后进行反应,方式有单纯注水、曝气、缓速搅拌三种。

② 曝气反应工序:当污水注满后即开始曝气操作,这是最重要的工序。根据污水处理的目的,除磷脱氮应进行相应的工艺操作。

③ 沉淀工艺:使混合液泥水分离,相当于二沉池。

④ 排放工序:排除曝气沉淀后产生的上清液作为处理水排放,一直到最低水位,在反应器残留一部分活性污泥作为种泥。

⑤ 待机工序:处理水排放后,反应器处于停滞状态等待下一个周期。

（3）特点

① 大多数情况下,无设置调节池的必要。

② SVI 值较低,易于沉淀,一般情况下不会产生污泥膨胀。

③ 通过对运行方式的调节,进行除磷脱氮反应。

④ 自动化程度较高。

⑤ 运用得当时,处理效果优于连续式。

⑥ 单方投资较少。

⑦ 占地规模大,处理水量较小。

2) 厌氧池＋氧化沟

(1) 工作流程

污水→中格栅→提升泵房→细格栅→沉砂池→厌氧池→氧化沟→二沉池→接触池→处理水排放

(2) 工作原理

氧化沟一般呈环形沟渠状,污水在沟渠内作环形流动,利用独特的水力流动特点,在沟渠转弯处设曝气装置,在曝气池上方为厌氧池,下方则为好氧段,从而产生富氧区和缺氧区,可以进行硝化和反硝化作用,取得脱氮的效应。

(3) 工作特点

① 在液态上,介于完全混合与推流之间,有利于活性污泥的生物凝聚作用。

② 对水量、水温的变化有较强的适应性,处理水量较大。

③ 污泥龄较长,一般长达 $15 \sim 30$ 天,因此氧化沟内可以存活繁殖世代时间长、增殖速度慢的微生物,如硝化菌等。如运行得当,氧化沟将具有良好的脱氮效果。

④ 污泥产量低,且多已达到稳定。

⑤ 自动化程度较高,便于管理。

⑥ 占地面积较大,运行费用低。

⑦ 脱氮效果还可以进一步提高。因为脱氮效果的好坏很大一部分决定于内循环,要提高脱氮效果势必要增加内循环量,而氧化沟的内循环量从理论上说可以不受限制,因而具有更大的脱氮能力。

⑧ 氧化沟法自问世以来,应用普遍,技术资料丰富。

3) A/A/O 法

(1) 优点

① 该工艺为最简单的同步脱氮除磷工艺,总的水力停留时间短。

② 在厌氧和好氧交替运行条件下,丝状菌不能大量增殖,无污泥膨胀之虞,SVI 值一般均小于 100。

③ 污泥中含磷浓度高,具有很高的肥效。

④ 运行中无须投药,两个 A 段只用轻缓搅拌,只有 O 段供氧,运行费低。

(2) 缺点

① 除磷效果难以再行提高,污泥增长有一定的限度,不易提高,特别是当 P/BOD 值高时更是如此。

② 脱氮效果也难以进一步提高,内循环量一般以 $2Q$ 为限,不宜太高,否则会增加运行费用。

③ 对沉淀池要保持一定浓度的溶解氧,减少停留时间,防止产生厌氧状态和污泥释放磷的现象出现,但溶解氧浓度也不宜过高,以防止循环混合液对缺氧段产生干扰。

综上所述,任何一种方法都能达到降磷脱氮的效果,且出水水质良好,但相对而言,SBR法一次性投资较少,占地面积较大,且后期运行费用高于氧化沟法;厌氧池-氧化沟法一次性投资较大,占地面积不小,但耗电量低,运行费用较低;A/A/O 工艺流程较长,构筑物多且复杂,脱氮除磷效果受限。考虑本设计的处理水量和远期规划,决定采用厌氧池-氧化沟为本设计的工艺方案。

2. 工艺流程的选择

根据上述分析,最终选择以厌氧池-氧化沟法为主要构筑物的工艺流程,具体流程如图 8-2 所示。

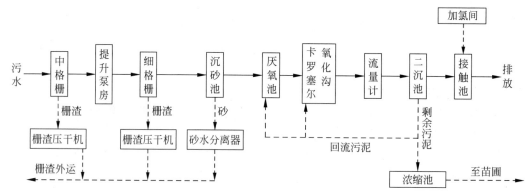

图 8-2　某新建城镇污水处理厂最终处理工艺流程

3. 各级处理构筑物设计流量(二级)

最高日最高时：2.6 万 t；

最高日平均时：2.0 万 t；

平均日平均时：1.7 万 t。

说明：雨天时不能处理的流量采用溢流井溢流掉,只处理初期雨水。

8.6.4　污水处理构筑物设计

1. 中格栅

中格栅用以截留水中的较大悬浮物或漂浮物,以减轻后续处理构筑物的负荷,用来去除那些可能堵塞水泵机组主管道阀门的较粗大的悬浮物,并保证后续处理设施能正常运行。

1) 设计参数

设计流量 $Q=2.6\times10^4\,\mathrm{m^3/d}=301\mathrm{L/s}$；

栅前流速 $v_1=0.7\mathrm{m/s}$,过栅流速 $v_2=0.9\mathrm{m/s}$；

栅条宽度 $s=0.01\mathrm{m}$,栅条间隙 $e=20\mathrm{mm}$；

栅前部分长度为 0.5m,格栅倾角 $\alpha=60°$；

单位栅渣量 $\omega_1=0.05\mathrm{m^3}$ 栅渣 $/10^3\,\mathrm{m^3}$ 污水。

2）设计计算

（1）确定格栅前水深

根据最优水力断面公式 $Q = \dfrac{B_1^2 v_1}{2}$，计算得栅前槽宽

$$B_1 = \sqrt{\frac{2Q}{v_1}} = \sqrt{\frac{2 \times 0.301}{0.7}} \, \mathrm{m} \approx 0.93 \, \mathrm{m}$$

则栅前水深

$$h = \frac{B_1}{2} = \frac{0.93}{2} \, \mathrm{m} = 0.465 \, \mathrm{m}$$

（2）栅条间隙数

$$n = \frac{Q\sqrt{\sin\alpha}}{e h v_2} = \frac{0.301\sqrt{\sin 60°}}{0.02 \times 0.465 \times 0.9} \approx 33.4 \text{ 个（取 } n = 36)$$

（3）栅槽有效宽度

$$B = s(n-1) + en = [0.01 \times (36-1) + 0.02 \times 36] \, \mathrm{m} = 1.07 \, \mathrm{m}$$

（4）进水渠道渐宽部分长度

$$L_1 = \frac{B - B_1}{2\tan\alpha_1} = \frac{1.07 - 0.94}{2\tan 20°} \, \mathrm{m} \approx 0.20 \, \mathrm{m}$$

其中，α_1——进水渠展开角，(°)。

（5）栅槽与出水渠道连接处的渐窄部分长度

$$L_2 = \frac{L_1}{2} = \frac{0.20}{2} \, \mathrm{m} = 0.1 \, \mathrm{m}$$

（6）过栅水头损失

因栅条边为矩形截面，取 $k = 3$，则

$$h_1 = k h_0 = k\varepsilon \frac{v_2^2}{2g}\sin\alpha = 3 \times 2.42 \times \left(\frac{0.01}{0.02}\right)^{\frac{4}{3}} \times \frac{0.9^2}{2 \times 9.81}\sin 60° \, \mathrm{m} \approx 0.103 \, \mathrm{m}$$

式中，ε——阻力系数，$\varepsilon = \beta\left(\dfrac{s}{e}\right)^{\frac{4}{3}}$，与栅条断面形状有关，当为矩形断面时 $\beta = 2.42$；

　　h_0——计算水头损失，m；

　　k——指格栅被污物堵塞后，水头损失增加倍数，取 $k = 3$；

（7）栅后槽总高度

取栅前渠道超高 $h_2 = 0.3 \mathrm{m}$，则栅前槽总高度

$$H_1 = h + h_2 = (0.465 + 0.3) \, \mathrm{m} = 0.765 \, \mathrm{m}$$

栅后槽总高度

$$H = h + h_1 + h_2 = (0.465 + 0.103 + 0.3) \, \mathrm{m} \approx 0.87 \, \mathrm{m}$$

（8）格栅总长度

$$L = L_1 + L_2 + 0.5 + 1.0 + \frac{H_1}{\tan\alpha}$$

$$= \left(0.2 + 0.1 + 0.5 + 1.0 + \frac{0.765}{\tan 60°}\right) \mathrm{m}$$

$$\approx 2.29 \, \mathrm{m}$$

（9）每日栅渣量

$$\omega = Q_{平均日}\ \omega_1 = \frac{2.6 \times 10^4}{1.5} \times 10^{-3} \times 0.05\,\text{m}^3/\text{d} \approx 0.87\,\text{m}^3/\text{d} > 0.2\,\text{m}^3/\text{d}$$

所以宜采用机械格栅清渣。

格栅计算简图如图 8-3 所示。

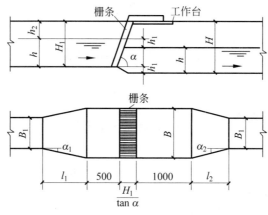

图 8-3 中格栅计算简图

2. 污水提升泵房

提升泵房用于提高污水的水位,保证污水能在整个污水处理流程中靠重力流过,从而达到污水净化的目的。

1）设计参数

设计流量 $Q=301\text{L/s}$,泵房工程结构按远期流量设计。

2）泵房设计计算

采用氧化沟工艺方案,污水处理系统简单,对于新建污水处理厂,工艺管线可以充分优化,故污水只考虑一次提升。污水经提升后入平流沉砂池,然后自流通过厌氧池、氧化沟、二沉池及接触池,最后由出水管道排入水体。

各构筑物的水面标高和池底埋深见第 7 章的高程计算。

污水提升前水位 -5.23m(即泵站吸水池最低水位),提升后水位 3.65m(即细格栅前水面标高)。所以,提升净扬程 $Z=[3.65-(-5.23)]\text{m}=8.88\text{m}$。

水泵水头损失取 2m,从而需水泵扬程 $H=Z+h=10.88\text{m}$。

再根据设计流量 $Q=2.6\times10^4\,\text{m}^3/\text{d}=1084\,\text{m}^3/\text{h}$,采用两台 MF 系列污水泵,单台提升流量为 $542\,\text{m}^3/\text{h}$。采用 MF 系列污水泵(8MF-13B)3 台,二用一备。该泵提升流量为 $540\sim560\,\text{m}^3/\text{h}$,扬程为 11.9m,转速为 970r/min,功率为 30kW。

占地面积为 $\pi\times5^2\,\text{m}^2=78.54\,\text{m}^2$,即为圆形泵房,$D=10\text{m}$,高 12m,泵房为半地下式,地下埋深 7m,水泵为自灌式。

3. 细格栅

1）设计参数

设计流量 $Q=2.6\times10^4\,\text{m}^3/\text{d}=301\text{L/s}$;

栅前流速 $v_1=0.68\mathrm{m/s}$,过栅流速 $v_2=0.8\mathrm{m/s}$;

栅条宽度 $s=0.01\mathrm{m}$,栅条间隙 $e=10\mathrm{mm}$;

栅前部分长度 $0.5\mathrm{m}$,格栅倾角 $\alpha=60°$;

单位栅渣量 $\omega_1=0.10\mathrm{m^3}$ 栅渣 $/10^3\mathrm{m^3}$ 污水。

2) 设计计算

(1) 确定格栅前水深

根据最优水力断面公式 $Q=\dfrac{B_1^2 v_1}{2}$,计算得栅前槽宽

$$B_1=\sqrt{\frac{2Q}{v_1}}=\sqrt{\frac{2\times0.301}{0.68}}\mathrm{m}\approx0.94\mathrm{m}$$

则栅前水深

$$h_1=\frac{B_1}{2}=\frac{0.94}{2}\mathrm{m}=0.47\mathrm{m}$$

(2) 栅条间隙数

$$n=\frac{Q\sqrt{\sin\alpha}}{eh v_2}=\frac{0.301\times\sqrt{\sin60°}}{0.01\times0.47\times0.8}\text{个}\approx69.3\text{个},\quad 取\ n=70$$

设计两组格栅,每组栅条间隙数 $n=35$ 个。

(3) 栅槽有效宽度

$$B_2=s(n-1)+en=[0.01\times(35-1)+0.01\times35]\mathrm{m}=0.69\mathrm{m}$$

所以总槽宽为

$$(0.69\times2+0.2)\mathrm{m}=1.58\mathrm{m}\quad (考虑中间隔墙厚0.2\mathrm{m})$$

(4) 进水渠道渐宽部分长度

$$L_1=\frac{B-B_1}{2\tan\alpha_1}=\frac{1.58-0.94}{2\tan20°}\mathrm{m}\approx0.88\mathrm{m}$$

(5) 栅槽与出水渠道连接处的渐窄部分长度

$$L_2=\frac{L_1}{2}=\frac{0.88}{2}\mathrm{m}=0.44\mathrm{m}$$

(6) 过栅水头损失

因栅条边为矩形截面,取 $k=3$,则

$$h_1=kh_0=k\varepsilon\frac{v_2^2}{2g}\sin\alpha=3\times2.42\times\left(\frac{0.01}{0.01}\right)^{\frac{4}{3}}\times\frac{0.9^2}{2\times9.81}\sin60°\mathrm{m}\approx0.26\mathrm{m}$$

(7) 栅后槽总高度

取栅前渠道超高 $h_2=0.3\mathrm{m}$,则栅前槽总高度

$$H_1=h+h_2=(0.47+0.3)\mathrm{m}=0.77\mathrm{m}$$

栅后槽总高度

$$H=h+h_1+h_2=(0.47+0.26+0.3)\mathrm{m}=1.03\mathrm{m}$$

(8) 格栅总长度

$$L=L_1+L_2+0.5+1.0+\frac{H_1}{\tan\alpha}$$

$$=\left(0.88+0.44+0.5+1.0+\frac{0.77}{\tan60°}\right)\mathrm{m}=3.26\mathrm{m}$$

(9) 每日栅渣量

$$\omega = Q_{平均日} \, \omega_1 = \frac{2.6 \times 10^4}{1.5} \times 10^{-3} \times 0.1 \, \text{m}^3/\text{d} \approx 1.73 \, \text{m}^3/\text{d} > 0.2 \, \text{m}^3/\text{d}$$

所以宜采用机械清渣格栅。

4. 沉砂池

沉砂池的作用是从污水中将相对密度较大的颗粒去除,其工作原理是以重力分离为基础,故应将沉砂池的进水流速控制在只能使相对密度大的无机颗粒下沉,而有机悬浮颗粒则随水流带起来。采用平流式沉砂池,具有处理效果好、结构简单的优点。

1) 设计参数

设计流量：$Q = 301 \, \text{L/s}$；

设计流速：$v = 0.25 \, \text{m/s}$；

水力停留时间：$t = 30 \, \text{s}$。

2) 设计计算

(1) 沉砂池长度

$$L = vt = 0.25 \times 30 \, \text{m} = 7.5 \, \text{m}$$

(2) 水流断面积

$$A = Q/v = 0.301/0.25 \, \text{m}^2 = 1.204 \, \text{m}^2$$

(3) 池总宽度

设计 $n = 2$ 格,每格宽取 $b = 1.2 \, \text{m} > 0.6 \, \text{m}$,池总宽 $B = 2b = 2.4 \, \text{m}$。

(4) 有效水深

$$h_2 = A/B = 1.204/2.4 \, \text{m} \approx 0.5 \, \text{m}(介于 0.25 \sim 1 \, \text{m} 之间)$$

(5) 储泥区所需容积

设计 $T = 2\text{d}$,即考虑排泥间隔天数为 2 天,每格沉砂池设 2 个沉砂斗,两格共有 4 个沉砂斗,则每个沉砂斗容积

$$V_1 = \frac{Q_1 T X_1}{2k \times 10^5} = \frac{1.3 \times 10^4 \times 2 \times 3}{2 \times 1.5 \times 10^5} \, \text{m}^3 = 0.26 \, \text{m}^3$$

式中,Q_1——沉砂池每格废水流量,分两格,则每格流量为 13 000 m³/d；

$\quad X_1$——城市污水沉砂量,取 3 m³/10⁵ m³；

$\quad k$——污水流量总变化系数,取 1.5。

(6) 沉砂斗各部分尺寸及容积

设计斗底宽 $a_1 = 0.5 \, \text{m}$,斗壁与水平面的倾角为 60°,斗高 $h_d = 0.5 \, \text{m}$,则沉砂斗上口宽

$$a = \frac{2h_d}{\tan 60°} + a_1 = \left(\frac{2 \times 0.5}{\tan 60°} + 0.5 \right) \text{m} \approx 1.1 \, \text{m}$$

沉砂斗容积

$$V = \frac{h_d}{6}(2a^2 + 2aa_1 + 2a_1^2) = \frac{0.5}{6}(2 \times 1.1^2 + 2 \times 1.1 \times 0.5 + 2 \times 0.5^2) \text{m}^3 = 0.34 \, \text{m}^3$$

(略大于 $V_1 = 0.26 \, \text{m}^3$,符合要求。)

（7）沉砂池高度

采用重力排砂，设计池底坡度为 0.06，坡向沉砂斗长度为

$$L_2 = \frac{L-2a}{2} = \frac{7.5-2\times1.1}{2}\text{m} = 2.65\text{m}$$

则沉泥区高度为

$$h_3 = h_d + 0.06L_2 = (0.5+0.06\times2.65)\text{m} = 0.659\text{m} \approx 0.66\text{m}$$

池总高度 H：

设超高 $h_1 = 0.3\text{m}$，则

$$H = h_1 + h_2 + h_3 = (0.3+0.5+0.66)\text{m} = 1.46\text{m}$$

（8）进水渐宽部分长度

$$L_1 = \frac{B-2B_1}{\tan20°} = \frac{2.4-2\times0.94}{\tan20°}\text{m} \approx 1.43\text{m}$$

（9）出水渐窄部分长度

$$L_3 = L_1 = 1.43\text{m}$$

（10）校核最小流量时的流速

最小流量即平均日流量，为

$$Q_{平均日} = Q/k = 301/1.5\text{L/s} \approx 200.7\text{L/s}$$

则

$$v_{\min} = Q_{平均日}/A = 0.2007/1.204\text{m/s} \approx 0.17\text{m/s} > 0.15\text{m/s}$$

符合要求。

计算简图如图 8-4 所示。

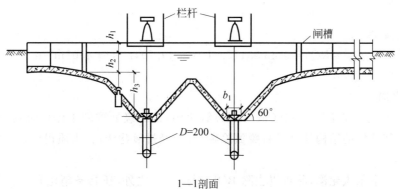

1—1剖面

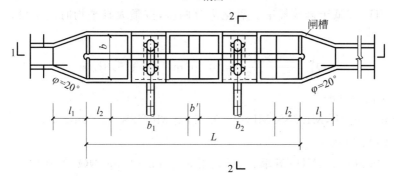

2—2

图 8-4 平流式沉砂池计算简图

5. 厌氧池

1) 设计参数

考虑到厌氧池与氧化沟为一个处理单元,总的水力停留时间超过 15h,所以设计水量按最大日平均时考虑。最大日平均时流量为 $Q'=Q/K_h=301/1.3\mathrm{L/s}\approx231.5\mathrm{L/s}$,厌氧池设两座,则每座的设计流量为 $Q'_1=115.8\mathrm{L/s}$。

水力停留时间 $T=2.5\mathrm{h}$;污泥浓度 $X=3000\mathrm{mg/L}$;污泥回流液浓度 $X_r=10\,000\mathrm{mg/L}$。

2) 设计计算

(1) 厌氧池容积

$$V=Q'_1T=115.8\times10^{-3}\times2.5\times3600\mathrm{m^3}\approx1042\mathrm{m^3}$$

(2) 厌氧池尺寸

水深取为 $h=4.0\mathrm{m}$,则厌氧池面积

$$A=V/h=1042/4\mathrm{m^2}\approx261\mathrm{m^2}$$

厌氧池直径

$$D=\sqrt{\frac{4A}{\pi}}=\sqrt{\frac{4\times261}{3.14}}\mathrm{m}\approx18.2\mathrm{m},\quad 取\ D=19\mathrm{m}$$

考虑 0.3m 的超高,故池总高为

$$H=h+0.3=(4+0.3)\mathrm{m}=4.3\mathrm{m}$$

(3) 污泥回流量计算

回流比:

$$R=X/(X_r-X)=3/(10-3)\approx0.43$$

污泥回流量

$$Q_R=RQ'_1=0.43\times115.8\mathrm{L/s}=49.794\mathrm{L/s}\approx4302\mathrm{m^3/d}$$

6. 氧化沟

本设计采用的是卡罗塞尔(Carrousel)氧化沟,是二级处理的主体构筑物,是活性污泥的反应器。其独特的结构使其具有脱氮除磷功能,经过氧化沟后,水质得到很大的改善。

1) 设计参数

拟用卡罗塞尔氧化沟,除可以去除 BOD_5 与 COD 之外,还具备硝化和一定的脱氮除磷作用,使出水 $NH_3\text{-}N$ 低于排放标准。氧化沟分两座,按最大日平均时流量设计,每座氧化沟设计流量为

$$Q'_1=\frac{2.6\times10^4}{2\times1.3}=10\,000\mathrm{m^3/d}=115.8\mathrm{L/s}$$

总污泥龄:$t_m=20\mathrm{d}$;

$MLSS=3600\mathrm{mg/L}$,$MLVSS/MLSS=0.75$,则 $MLVSS=2700\mathrm{mg/L}$;

曝气池:$DO=2\mathrm{mg/L}$;

$NOD=4.6\mathrm{mgO_2/mgNH_3\text{-}N}$ 氧化,可利用氧 $2.6\mathrm{mgO_2\,mg/NO_3\text{-}N}$ 还原;

其他参数：污泥增长系数 $a=0.6\text{kgVSS/kgBOD}_5$，污泥自身氧化系数 $b=0.05/\text{d}$；

$K_1=0.23/\text{d}$，$K_{O_2}=1.3\text{mg/L}$；

剩余碱度：100mg/L（保持 pH≥7.2）；

硝化安全系数：3；

脱硝温度修正系数：1.08。

2）设计计算

（1）碱度平衡计算

① 设计的出水 BOD_5 浓度为 20mg/L，则出水中溶解性 BOD_5 浓度为

$$BOD_5 \text{ 浓度} = [20-0.7 \times 20 \times 1.42 \times (1-e^{-0.23 \times 5})]\text{mg/L} = 6.4\text{mg/L}$$

② 采用污泥龄 20d，则日产泥量为

$$\frac{aQS_r}{1+bt_m} = \frac{0.6 \times 10\,000 \times (190-6.4)}{1000 \times (1+0.05 \times 20)}\text{kg/d} = 550.8\text{kg/d}$$

设其中有 12.4% 为氮，则日产污泥中的氮的含量为

$$0.124 \times 550.8\text{kg/d} \approx 68.30\text{kg/d}$$

即：进水中的氮有 $\dfrac{68.30 \times 1000}{10\,000} = 6.83\text{mg/L}$ 用于细胞合成，产生污泥。

则用于氧化的 $NH_3\text{-N}$ 浓度 $=(49-6.83-15)\text{mg/L}=27.17\text{mg/L}$；用于还原的 $NO_3\text{-}$N 浓度 $=(27.17-5)\text{mg/L}=22.17\text{mg/L}$。

③ 碱度平衡计算

已知去除每 mgBOD_5 产生 0.1mg 碱度，硝化每 $\text{mgNH}_3\text{-N}$ 消耗 7.14mg 碱度，反硝化每 $\text{mgNH}_3\text{-N}$ 产生 3.57mg 碱度。设进水中碱度为 250mg/L，剩余碱度 $=[250-7.1 \times 27.17+3.57 \times 27.17+0.1 \times (190-6.4)]\text{mg/L} \approx 172.45\text{mg/L} > 100\text{mg/L}$。

说明剩余碱度可使溶液 pH≥7.2。

（2）硝化区容积计算

硝化速率为

$$\mu_n = 0.47 \times e^{0.098(T-15)} \times \frac{N}{N+10^{0.05T-1.158}} \times \frac{O_2}{K_{O_2}+O_2}$$

$$= 0.47 \times e^{0.098(10-15)} \times \frac{15}{15+10^{0.05 \times 10-1.158}} \times \frac{2}{1.3+2}\text{d}^{-1}$$

$$= 0.172\text{d}^{-1}$$

式中，N——出水氨氮浓度，mg/L；

O_2——氧化沟内溶解氧浓度，mg/L；

T——温度，℃，取最不利温度 10℃；

K_{O_2}——氧的半速率常数，mg/L，取 1.3mg/L；

故泥龄：$t_{实} = \dfrac{1}{\mu_n} = \dfrac{1}{0.172}\text{d} = 5.8\text{d}$。

采用安全系数为 3，故设计污泥龄为：$3 \times 5.8\text{d} = 17.4\text{d}$。

原假定污泥龄为 20d,则硝化速率为

$$\mu_n = \frac{1}{20}d^{-1} = 0.05d^{-1}$$

单位基质利用率

$$u = \frac{\mu_n + b}{a} = \frac{0.05 + 0.05}{0.6}kgBOD_5/(kgMLVSS \cdot d) = 0.167kgBOD_5/(kgMLVSS \cdot d)$$

所需的 MLVSS 总量为

$$\frac{(190 - 6.4) \times 10\,000}{0.167 \times 1000}kg \approx 10\,994kg$$

硝化容积

$$V_n = \frac{10\,994}{2700} \times 1000m^3 \approx 4071.9m^3$$

水力停留时间

$$t_n = \frac{4071.9}{10\,000} \times 24h \approx 9.8h$$

(3) 反硝化区容积

反硝化区设计水温 12℃,反硝化速率为

$$q_{dn} = \left[0.3\left(\frac{F}{M}\right) + 0.029\right]\theta^{(T-20)}$$

$$= \left[0.3 \times \left(\frac{190}{2700}\right) + 0.029\right] \times 1.08^{(12-20)}kgNO_3\text{-}N/(kgMLVSS \cdot d)$$

$$\approx 0.03kgNO_3\text{-}N/(kgMLVSS \cdot d)$$

还原 NO_3-N 的总量 $= \frac{22.17}{1000} \times 10\,000kg/d = 221.7kg/d$

脱氮所需 MLVSS 为 $\frac{221.7}{0.03}kg \approx 7390kg$

脱氮所需池容 $V_{dn} = \frac{7390}{2700} \times 1000m^3 \approx 2737m^3$

反硝化区水力停留时间 $t_{dn} = \frac{2737}{10\,000} \times 24h \approx 6.6h$

(4) 氧化沟的总容积

总水力停留时间 $t = t_n + t_{dn} = (9.8 + 6.6)h = 16.4h$,符合 10~24h 要求。

总容积 $V = V_n + V_{dn} = (4071.9 + 2737)m^3 = 6808.9m^3$。

(5) 氧化沟的尺寸

氧化沟采用 4 廊道式卡罗塞尔氧化沟,取池深 3.5m,宽 7m,则氧化沟总长为 $\frac{6808.9}{3.5 \times 7}m \approx$

278m。其中好氧段长度为 $\frac{4071.9}{3.5 \times 7}m = 166.2m$,缺氧段长度为 $\frac{2737}{3.5 \times 7}m \approx 111.7m$。

弯道处长度为

$$\left(3 \times \frac{\pi \times 7}{2} + \frac{\pi \times 21}{2}\right)m = 21\pi m \approx 66m$$

则单个直道长为

$$\frac{278-66}{4}\text{m}=53\text{m}$$

故氧化沟总池长＝(53＋7＋14)m＝74m,总池宽＝7×4m＝28m(未计池壁厚)。

实际污泥负荷为

$$N_s=\frac{QS_a}{XV}=\frac{10\,000\times190}{2700\times6808.9}\text{kgBOD}_5/(\text{kgMLVSS}\cdot\text{d})\approx0.1\text{kgBOD}_5/(\text{kgMLVSS}\cdot\text{d})$$

(6) 需氧量计算

需氧量 R 按照如下经验公式计算:

$$R=A\times S_r+B\times\text{MLSS}+4.6\times N_r-2.6\times NO_3\text{(kg/d)}$$

其中,第一项为合成污泥需氧量,第二项为活性污泥内源呼吸需氧量,第三项为硝化污泥需氧量,第四项为反硝化污泥需氧量。

经验系数为 $A=0.5,B=0.1$。

需要硝化的氧量: $N_r=27.17\times10\,000\times10^{-3}\text{kg/d}=271.7\text{kg/d}$,则

$$R=[0.5\times10\,000\times(0.19-0.0064)+0.1\times4071.9\times2.7+$$
$$4.6\times271.7-2.6\times221.7]\text{kg/d}$$
$$=2690.813\text{kg/d}\approx112.1\text{kg/h}$$

取 $T=30℃$,查表得 $\alpha=0.8,\beta=0.9$,氧的饱和度 $C_{s(30℃)}=7.63\text{mg/L},C_{s(20℃)}=9.17\text{mg/L}$。采用表面机械曝气时,20℃时脱氧清水的充氧量为

$$R_0=\frac{RC_{s(20℃)}}{\alpha[\beta\rho C_{s(T)}-C]\times1.024^{(T-20)}}$$
$$=\frac{112.1\times9.17}{0.80\times(0.9\times1\times7.63-2)\times1.024^{(30-20)}}\text{kg/h}$$
$$\approx263.4\text{kg/h}$$

选用 DY325 型倒伞形叶轮表面曝气机,直径 $\phi=3.5\text{m}$,电机功率 $N=55\text{kW}$,单台每小时最大充氧能力为 $109\text{kgO}_2/\text{h}$,每座氧化沟所需数量为 n,则

$$n=\frac{R_0}{109}=\frac{263.4}{109}\approx2.4$$

取 $n=3$ 台。

(7) 回流污泥量

$$R=\frac{X}{X_r-X}=\frac{3.6}{10-3.6}\approx0.56,\quad\text{实际取 }60\%$$

式中,$X=\text{MLSS}=3.6\text{g/L}$;回流污泥浓度 X_r 取 10g/L。

(8) 剩余污泥量

$$Q_w=\left(\frac{550.8}{0.75}+\frac{240\times0.25}{1000}\times10\,000\right)\text{kg/d}=1334.4\text{kg/d},\text{其中假设进水中 SS 去除率为 }25\%$$

如由池底排出,二沉池排泥浓度为 10g/L,则每个氧化沟产泥量为

$$\frac{1334.4}{10}\text{m}^3/\text{d}=133.44\text{m}^3/\text{d}$$

氧化沟设计简图如图 8-5 所示。

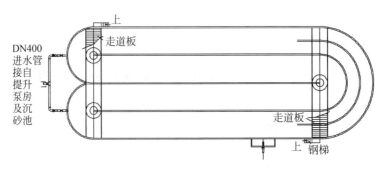

图 8-5　氧化沟设计简图

7. 二沉池

二次沉淀池采用中心进水、周边出水的辐流式沉淀池,采用刮泥机。

1) 设计参数

设计进水量:$Q=13000\mathrm{m^3/d}$(每组);

表面负荷:q_b 范围为 $1.0\sim1.5\mathrm{m^3/(m^2 \cdot h)}$,取 $q_\mathrm{b}=1.0\mathrm{m^3/(m^2 \cdot h)}$;

固体负荷:$q_\mathrm{s}=140\mathrm{kg/(m^2 \cdot d)}$;

水力停留时间(沉淀时间):$T=2.5\mathrm{h}$;

堰负荷:取值范围为 $1.5\sim2.9\mathrm{L/(s \cdot m)}$,取 $2.0\ \mathrm{L/(s \cdot m)}$。

2) 设计计算

(1) 沉淀池面积

按表面负荷计算:

$$A=\frac{Q}{q_\mathrm{b}}=\frac{13\,000}{1\times24}\mathrm{m^2}\approx541.7\mathrm{m^2}$$

(2) 沉淀池直径

$$D=\sqrt{\frac{4A}{\pi}}=\sqrt{\frac{4\times541.7}{3.14}}\mathrm{m}\approx26\mathrm{m}>16\mathrm{m}$$

有效水深

$$h_1=q_\mathrm{b}T=1.0\times2.5\mathrm{m}=2.5\mathrm{m}<4\mathrm{m}$$

则

$$\frac{D}{h_1}=\frac{26}{2.5}=10.4(介于\,6\sim12\,之间)$$

符合要求。

(3) 储泥斗容积

为了防止磷在池中发生厌氧释放,储泥时间采用 $T_\mathrm{w}=2\mathrm{h}$,则二沉池污泥区所需存泥容积:

$$V_\mathrm{w}=\frac{2T_\mathrm{w}(1+R)QX}{X+X_\mathrm{r}}=\frac{2\times2\times(1+0.6)\times\dfrac{13\,000}{24}\times3600}{3600+10\,000}\mathrm{m^3}\approx918\mathrm{m^3}$$

则污泥区高度为

$$h_2=\frac{V_\mathrm{w}}{A}=\frac{918}{541.7}\mathrm{m}\approx1.7\mathrm{m}$$

（4）二沉池总高度

取二沉池缓冲层高度 $h_3 = 0.4$ m，超高为 $h_4 = 0.3$ m，则池边总高度为

$$h = h_1 + h_2 + h_3 + h_4 = (2.5 + 1.7 + 0.4 + 0.3)\text{m} = 4.9\text{m}$$

设池底坡度为 $i = 0.05$，则池底坡度降为

$$h_5 = \frac{D - d}{2}i = \frac{26 - 2}{2} \times 0.05\text{m} = 0.6\text{m}，其中 d 为中心泥斗上沿直径$$

池中心总深度为

$$H = h + h_5 = (4.9 + 0.6)\text{m} = 5.5\text{m}$$

（5）校核堰负荷

径深比：

$$\frac{D}{h_1 + h_3} = \frac{26}{2.9} \approx 9.0$$

$$\frac{D}{h_1 + h_2 + h_3} = \frac{26}{4.6} \approx 5.7$$

堰负荷：

$$\frac{Q}{\pi D} = \frac{13\,000}{3.14 \times 26}\text{m}^3/(\text{d} \cdot \text{m}) \approx 159\text{m}^3/(\text{d} \cdot \text{m}) = 1.8\text{L}/(\text{s} \cdot \text{m}) < 2\text{L}/(\text{s} \cdot \text{m})$$

以上各项均符合要求。

8. 接触消毒池

采用隔板式接触反应池。

1）设计参数

设计流量：$Q' = 26\,000\text{m}^3/\text{d}$（设一座）；

水力停留时间：$T = 0.5\text{h} = 30\text{min}$；

设计投氯量：$\rho = 4.0\text{mg/L}$；

平均水深：$h = 2.5\text{m}$；

隔板间隔：$b = 3.5\text{m}$。

2）设计计算

（1）接触池容积

$$V = Q'T = 26\,000/24 \times 0.5\text{m}^3 \approx 542\text{m}^3$$

（2）池表面积

$$A = \frac{V}{h} = \frac{542}{2.5}\text{m}^2 \approx 217\text{m}^2$$

隔板数采用两个，则廊道总宽为

$$B = (2 + 1) \times 3.5\text{m} = 10.5\text{m}，取 11\text{m}$$

接触池长度

$$L = \frac{A}{B} = \frac{217}{10.5}\text{m} \approx 20.7\text{m}，取 20\text{m}$$

长宽比

$$\frac{L}{b} = \frac{20}{3.5} \approx 5.7$$

实际消毒池容积为

$$V' = BLh = 11 \times 20 \times 2.5\,\text{m}^3 \approx 550\,\text{m}^3$$

池深取

$$(2.5 + 0.3)\,\text{m} = 2.8\,\text{m}(0.3\,\text{m 为超高})$$

经校核均满足有效停留时间的要求。

（3）加氯量计算

设计最大加氯量为 $\rho_{\max} = 4.0\,\text{mg/L}$，则平时投氯量为

$$\omega = \rho_{\max} Q = 4 \times 20\,000 \times 10^{-3}\,\text{kg/d} = 80\,\text{kg/d} \approx 3.33\,\text{kg/h}$$

选用储氯量为 120kg 的液氯钢瓶，每日加氯量为 3/4 瓶，共储用 12 瓶，每日使用加氯机两台，单台投氯量为 $1.5 \sim 2.5\,\text{kg/h}$。

配置注水泵两台，一用一备，要求注水量 $Q = 1 \sim 3\,\text{m}^3/\text{h}$，扬程不小于 $10\,\text{mH}_2\text{O}$。

（4）混合装置

在接触消毒池第一格和第二格起端设置混合搅拌机两台（立式），混合搅拌机功率为

$$N_0 = \frac{\mu Q T G^2}{3 \times 5 \times 10^2} = \frac{1.06 \times 10^{-4} \times 0.2315 \times 60 \times 500^2}{3 \times 5 \times 10^2}\,\text{kW} \approx 0.25\,\text{kW}$$

实际选用 JWH-310-1 型机械混合搅拌机，桨板深度为 1.5m，桨叶直径为 0.31m，桨叶宽度为 0.9m，功率为 4.0kW。

接触消毒池设计为纵向折流板反应池。在第一格每隔 3.8m 设纵向垂直折流板，在第二格每隔 6.33m 设垂直折流板，第三格不设。

8.6.5 污泥处理构筑物的设计计算

1. 回流污泥泵房

1）设计说明

二沉池活性污泥由吸泥管吸入，由池中心落泥管及排泥管排入池外套筒阀井中，然后由管道输送至回流泵房，其他污泥由刮泥板刮入污泥井中，再由排泥管排入剩余污泥泵房集泥井中。

设计回流污泥量为 $Q_R = RQ$，污泥回流比 $R = 50\% \sim 100\%$。按最大回流比考虑，即 $Q_R = 100\%Q$ 计算。

2）回流污泥泵设计选型

（1）扬程

二沉池水面相对地面标高为 0.6m，套筒阀井泥面相对标高为 0.2m，回流污泥泵房泥面相对标高为 $(-0.2 - 0.2)\,\text{m} = -0.4\,\text{m}$，氧化沟水面相对标高为 1.5m，则污泥回流泵所需提升高度为 $[1.5 - (-0.4)]\,\text{m} = 1.9\,\text{m}$。

（2）流量

两座氧化沟设一座回流污泥泵房，泵房回流污泥量为 $20\,000\,\text{m}^3/\text{d} = 833\,\text{m}^3/\text{h}$。

（3）选泵

选用 LXB-900 螺旋泵 3 台（二用一备），单台提升能力为 480m³/h，提升高度为 2.0～2.5m，电动机转速为 48r/min，功率为 55kW。

（4）回流污泥泵房占地面积为 $9 \times 5.5 \text{m}^2 = 49.5 \text{m}^2$。

2. 剩余污泥泵房

1）设计说明

二沉池产生的剩余活性污泥及其他处理构筑物排出污泥由地下管道自流入集泥井，由剩余污泥泵（地下式）将其提升至污泥浓缩池中。

处理厂设一座剩余污泥泵房（两座二沉池共用）。

污水处理系统每日排出污泥干重为 $2 \times 1334.4 \text{kg/d}$，即为按含水率为 99% 计的污泥流量

$$2Q_w = 2 \times 133.44 \text{m}^3/\text{d} = 266.88 \text{m}^3/\text{d} = 11.12 \text{m}^3/\text{h}$$

2）设计选型

（1）污泥泵扬程

辐流式浓缩池最高泥位（相对地面）为 -0.4m，剩余污泥泵房最低泥位为 -4.53m，则污泥泵静扬程为 $H_0 = (4.53 - 0.4)\text{m} = 4.13\text{m}$，污泥输送管道压力损失为 4.0m，自由水头为 1.0m，则污泥泵所需扬程为 $H = H_0 + 4 + 1 = 9.13\text{m}$。

（2）污泥泵选型

选用 3 台，二用一备，单泵流量 $Q > 2Q_w/2 = 5.56 \text{m}^3/\text{h}$。选用 1PN 污泥泵，流量 $Q = 7.2 \sim 16 \text{m}^3/\text{h}$，扬程 $H = 12 \sim 14\text{m}$，功率 $N = 3\text{kW}$。

（3）剩余污泥泵房的尺寸

占地面积 $L \times B = 4 \times 3 \text{m}^2 = 12 \text{m}^2$，集泥井取直径为 2m，则占地面积 $\frac{1}{4} \times 3.14 \times 2^2 \text{m}^2 \approx 3.14 \text{m}^2$。

3. 污泥浓缩池

采用两座辐流式圆形重力连续式污泥浓缩池，用带栅条的刮泥机刮泥，采用静压排泥，由剩余污泥泵房将污泥送至浓缩池。

1）设计参数

进泥浓度：10g/L；

污泥含水率 $P_1 = 99.0\%$，每座污泥浓缩边的流量：$Q_w = 1334.4 \text{kg/d} = 133.44 \text{m}^3/\text{d} = 5.56 \text{m}^3/\text{h}$；

设计浓缩后含水率 $P_2 = 96.0\%$；

污泥固体负荷：$q_s = 45 \text{kgSS}/(\text{m}^2 \cdot \text{d})$；

污泥浓缩时间：$T = 13\text{h}$；

储泥时间：$t = 4\text{h}$。

2）设计计算

（1）浓缩池池体计算

每座浓缩池所需表面积

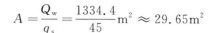

$$A = \frac{Q_w}{q_s} = \frac{1334.4}{45}\mathrm{m^2} \approx 29.65\mathrm{m^2}$$

浓缩池直径

$$D = \sqrt{\frac{4A}{\pi}} = \sqrt{\frac{4 \times 29.65}{3.14}}\mathrm{m} \approx 6.15\mathrm{m}, 取\, D = 6.2\mathrm{m}$$

水力负荷

$$u = \frac{Q_w}{A} = \frac{133.44}{\pi \times 3.1^2}\mathrm{m^3/(m^2 \cdot d)} \approx 4.42\mathrm{m^3/(m^2 \cdot d)} = 0.184\mathrm{m^3/(m^2 \cdot h)}$$

有效水深

$$h_1 = uT = 0.184 \times 13\mathrm{m} \approx 2.39\mathrm{m}, 取\, h_1 = 2.4\mathrm{m}$$

则浓缩池有效容积

$$V_1 = A \times h_1 = 29.65 \times 2.4\mathrm{m^3} = 71.16\mathrm{m^3}$$

（2）排泥量与存泥容积

浓缩后排出含水率 $P_2 = 96.0\%$ 的污泥，则

$$Q_w' = \frac{100 - P_1}{100 - P_2}Q_w = \frac{100 - 99}{100 - 96} \times 133.44\mathrm{m^3/d} = 33.36\mathrm{m^3/d} = 1.39\mathrm{m^3/h}$$

按 4h 储泥时间计泥量，则储泥区所需容积

$$V_2 = 4Q_w' = 4 \times 1.39\mathrm{m^3} = 5.56\mathrm{m^3}$$

泥斗容积

$$V_3 = \frac{\pi h_4}{3}(r_1^2 + r_1 r_2 + r_2^2)$$

$$= \frac{3.14 \times 1.2}{3} \times (1.1^2 + 1.1 \times 0.6 + 0.6^2)\mathrm{m^3} \approx 2.8\mathrm{m^3}$$

式中，h_4——泥斗的垂直高度，取 1.2m；

r_1——泥斗的上口半径，取 1.1m；

r_2——泥斗的下口半径，取 0.6m。

设池底坡度为 0.08，则池底坡降为

$$h_5 = \frac{0.08(6.2 - 2.2)}{2}\mathrm{m} = 0.16\mathrm{m}$$

故池底可储泥容积

$$V_4 = \frac{\pi h_5}{3}(R_1^2 + R_1 r_1 + r_1^2)$$

$$= \frac{3.14 \times 0.16}{3} \times (3.1^2 + 3.1 \times 1.1 + 1.1^2)\mathrm{m^3} \approx 2.38\mathrm{m^3}$$

因此，总储泥容积为

$$V_w = V_3 + V_4 = (2.8 + 2.38)\mathrm{m^3} = 5.18\mathrm{m^3} \approx V_2 = 5.56\mathrm{m^3}$$

满足要求。

（3）浓缩池总高度

浓缩池的超高 h_2 取 0.30m，缓冲层高度 h_3 取 0.30m，则浓缩池的总高度 H 为

$$H = h_1 + h_2 + h_3 + h_4 + h_5 = (2.4 + 0.30 + 0.30 + 1.2 + 0.16)\text{m} = 4.36\text{m}$$

（4）浓缩池排水量

$$Q = Q_w - Q'_w = (5.56 - 1.39)\text{m}^3/\text{h} = 4.17\text{m}^3/\text{h}$$

（5）浓缩池计算简图如图 8-6 所示。

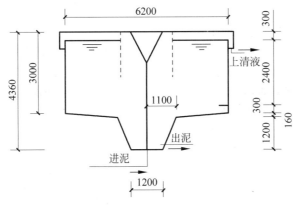

图 8-6　浓缩池计算简图

4. 储泥池及污泥泵

1）设计参数

进泥量：经浓缩排出含水率 $P_2 = 96\%$ 的污泥为 $2Q'_w = 2 \times 33.36\text{m}^3/\text{d} = 66.72\text{m}^3/\text{d}$，设储泥池 1 座，储泥时间 $T = 0.5\text{d} = 12\text{h}$。

2）设计计算

池容为

$$V = 2Q'_w T = 66.72 \times 0.5\text{m}^3 = 33.36\text{m}^3$$

储泥池尺寸（将储泥池设计为正方形）为 $L \times B \times H = 3.6\text{m} \times 3.6\text{m} \times 3.6\text{m}$，有效容积 $V = 46.656\text{m}^3$。

3）污泥提升泵

泥量

$$Q = 66.72\text{m}^3/\text{d} = 2.78\text{m}^3/\text{h}$$

扬程

$$H = [2.3 - (-1.5) + 4 + 1]\text{m} = 8.8\text{m}$$

选用 1PN 污泥泵两台，一用一备，单台流量 $Q = 7.2 \sim 16\text{m}^3/\text{h}$，扬程 $H = 12 \sim 14\text{mH}_2\text{O}$，功率 $N = 3\text{kW}$。泵房平面尺寸为 $L \times B = 4\text{m} \times 3\text{m}$。

5. 污泥脱水

本次设计采用机械脱水的方法，采用 DNYA 型带式一体化浓缩压滤机，处理能力为 $3 \sim 6\text{m}^3/(\text{m} \cdot \text{h})$，带宽 1m，即采用 DNYA100A 型，一用一备，外观尺寸为 5340mm × 1850mm × 2330m。

8.6.6   污水厂平面和高程布置

1. 平面布置

1）各处理单元构筑物的平面布置

处理构筑物是污水处理厂的主体建筑物，在对它们进行平面布置时，应根据各构筑物的功能和水力要求，结合当地地形地质条件，确定它们在厂区内的平面布置。应考虑以下方面：

（1）贯通。连接各处理构筑物之间的管道应直通，避免迂回曲折，以免造成管理不便。

（2）土方量做到基本平衡，避开劣质土壤地段。

（3）在各处理构筑物之间应保持一定间距，以满足施工要求。一般间距为 5～10m，如有特殊要求，则其间距按有关规定执行。

（4）各处理构筑物之间在平面上应尽量紧凑，减少占地面积。

2）管线布置

（1）应设超越管线，当出现故障时，可直接排入水体。

（2）厂区内还应有给水管、生活水管和雨水管管线。

3）辅助建筑物

污水处理厂的辅助建筑物有泵房、鼓风机房、办公室、集中控制室、水质分析化验室、变电所、存储间等，其建筑面积按具体情况确定。辅助建筑物之间距离在安全前提下，应短而方便，变电所应设于耗电量大的构筑物附近，化验室应远离机器间和污泥间，以保证良好的工作条件，化验室应与处理构筑物保持适当距离，并应位于处理构筑物夏季主风向所在的上风口处。

在污水厂内主干道应尽量成环，以方便运输。主干道宽 6～9m，次干道宽 3～4m，人行道宽 1.5～2.0m，曲率半径 9m，有 30% 以上的绿化率。

2. 高程布置

根据氧化沟的设计水面标高，推求各污水处理构筑物的水面标高；根据各处理构筑物的结构稳定性，确定处理构筑物的设计地面标高。

1）水头损失计算

计算厂区内污水在处理流程中的水头损失，选最长的流程计算，结果见表 8-7。

表 8-7   污水厂水头损失计算表

名　称	设计流量/(L/s)	管径/m	水力坡度 I/‰	管内流速 V/(m/s)	管长/m	沿程水头损失 IL/m	局部阻力系数之和 $\sum \xi$	局部水头损失 $\sum \xi \frac{v^2}{2g}$/m	$\sum h$/m
出厂管	231.5	600	1.48	0.84	80	0.118	1.00	0.036	0.154
接触池									0.3
出水控制井									0.2
出水控制井至二沉池	115.8	400	3.08	0.92	100	0.308	6.18	0.267	0.575
二沉池									0.5

名　称	设计流量/(L/s)	管径/m	水力坡度 I/‰	管内流速 V/(m/s)	管长/m	沿程水头损失 IL/m	局部阻力系数之和 $\sum \xi$	局部水头损失 $\sum \xi \dfrac{v^2}{2g}$/m	$\sum h$/m
二沉池至流量计井	115.8	400	3.08	0.92	10	0.031	3.84	0.166	0.197
流量计井									0.2
氧化沟									0.5
氧化沟至厌氧池	115.8	400	3.08	0.92	12	0.037	4.22	0.182	0.219
厌氧池									0.3
厌氧池至配水井	151	450	2.82	0.95	15	0.042	5.00	0.230	0.272
配水井									0.2
配水井至沉砂池	301	600	2.41	1.07	60	0.145	7.26	0.424	0.569
沉砂池									0.33
细格栅									0.26
提升泵房									2.0
中格栅									0.1
进水井									0.2

$$\sum = 7.076$$

2）高程确定

（1）计算污水厂排放水体设计水面标高

根据设计资料，排放水体河底标高为 $-1.5m$，河床水位控制在 $0.5\sim1.0m$。

污水厂厂址处的地坪标高基本上在 $2.25m$ 左右（$2.10\sim2.40m$），大于排放水体最高水位 $1.0m$（相对污水厂地面标高为 -1.25）。污水经提升泵后自流排出，由于不设污水厂终点泵站，从而布置高程时，确保接触池的水面标高大于 $0.8m$（即最高水位（$-1.25+0.154+0.3$）m $=-0.796m\approx-0.8m$），同时考虑挖土埋深。

（2）各处理构筑物的高程确定

设计氧化沟处的地坪标高为 $2.25m$（并作为相对标高 ±0.00），按结构稳定的原则确定池底埋深 $-2.0m$，再计算出设计水面标高为（$3.5-2.0$）m $=1.5m$，然后根据各处理构筑物之间的水头损失，推求其他构筑物的设计水面标高。经过计算，各污水处理构筑物的设计水面标高见表 8-8。再根据各处理构筑物的水面标高、结构稳定的原理推求各构筑物地面标高及池底标高。

表 8-8　各污水处理构筑物的设计水面标高及池底标高　　　　　　　　m

构筑物名称	水面标高	池底标高	构筑物名称	水面标高	池底标高
进水管	-3.93	-4.41	沉砂池	3.26	2.10
中格栅	-4.23	-4.70	厌氧池	2.02	-1.98
泵房吸水井	-5.23	-7.00	氧化沟	1.5	-2.00
细格栅前	3.65	3.18	二沉池	0.60	-4.53
细格栅后	3.39	2.92	接触池	-0.67	-2.97

厂区的高程图和平面布置图如图 8-7 和图 8-8 所示。

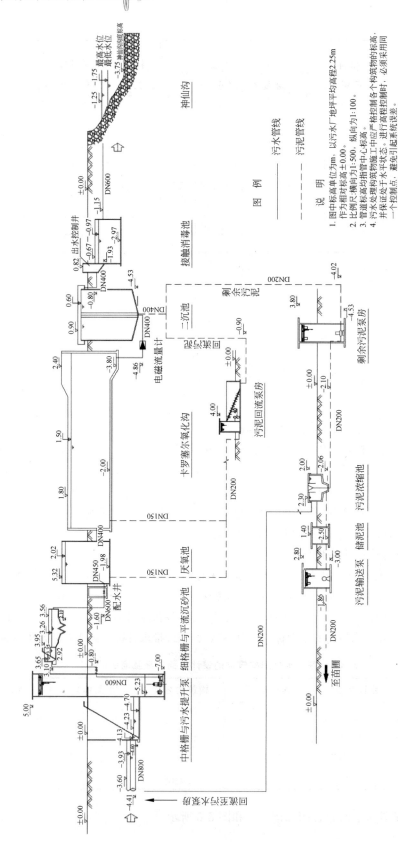

图 8-7 某新建城镇污水处理厂高程图

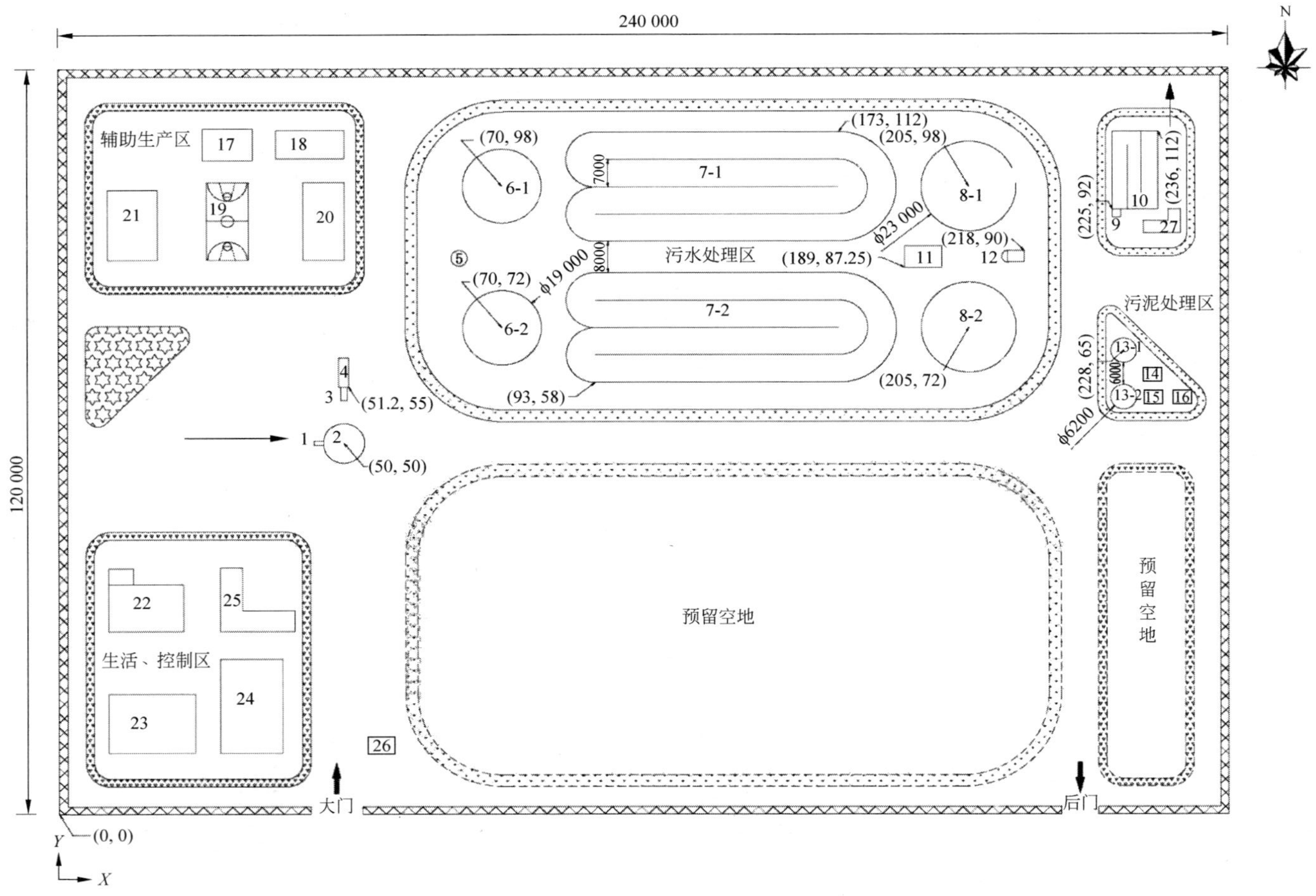

构(建)筑物·设备一览表

序号	名称	尺寸/m
1	中格栅	2.29×1.07
2	污水提升泵房	φ10.0
3	细格栅	3.26×1.58
4	平流沉砂池	7.5×2.4
5	配水配泥井	φ2.0
6	厌氧池	φ19.0
7	卡罗塞尔式氧化沟	80.0×28.0
8	二沉池	φ23.0
9	出水控制井	4.0×3.0
10	接触消毒池	20.0×11.0
11	污泥回流泵房	9.0×5.5
12	剩余污泥泵房	4.0×3.0
13	污泥浓缩池	φ6.2
14	储泥池	3.6×3.6
15	污泥输送泵房	4.0×3.0
16	堆物棚	4.0×3.0
17	仓库	12.0×8.0
18	机修间	16.0×8.0
19	篮球场	20.0×12.0
20	草坪	20.0×12.0
21	车库	18.0×12.0
22	锅炉房·厨房	18.0×12.0
23	住宅	21.0×15.0
24	综合楼	24.0×15.0
25	控制楼	18.0×16.0
26	传达室	6.0×4.0
27	加药间	9.0×5.5

图例：▽ 竹木隔离带 ×× 围墙 ☆ 竹林
☒ 草皮隔离带 — 污水厂预留地

说明：
1. 坐标单位为m。长度单位为mm。
2. 污水厂绿化面积超过30%。
3. 坐标标注形式为(X, Y)。

图8-8 某新建城镇污水处理厂平面布置图

8.6.7　经济社会效益分析

1. 投资概算

1）土建工程

建筑费用见表 8-9。

表 8-9　土建投资预算一览表

序号	名　称	结　构	单位	数量	单价/(元/m³)或(元/m²)	总价/元
1	进水泵房	钢筋混凝土	m³	500	550	275 000
2	沉砂池	钢筋混凝土	m³	67.2	550	36 960
3	厌氧池	钢筋混凝土	m³	2084	550	1 146 200
4	氧化沟	钢筋混凝土	m³	13 617.8	550	7 489 790
5	二沉池	钢筋混凝土	m³	2735	550	1 504 250
6	接触消毒池	钢筋混凝土	m³	550	550	302 500
7	污泥浓缩池	钢筋混凝土	m³	153.4	550	84 370
8	污泥泵房	混合结构	m²	61.5	1200	73 800
9	储泥池	混合结构	m²	46.7	1200	56 040
10	脱水间	混合结构	m²	100	1200	120 000
11	仓库及机修间	混合结构	m²	20	1200	24 000
12	综合楼	混合结构	m²	600	1200	720 000
13	传达室	混合结构	m²	10	1200	12 000
14	道路及其他	—	m²	1200	300	360 000
15	绿化	—	m²	5000	40	200 000
合　计						12 404 910

故土建投资约为 1240 万元。

2）设备费用

主要设备费用见表 8-10。

表 8-10　主要设备预算一览表

名　称	型　号	数量	单位	单价/(万元/台)或(万元/套)	总价/万元
格栅除污机	LHG	2	台	1.5	3
污水泵及其配电设备	MF 系列 MF-13B	3	台	6	18
螺旋输送机	WLS-260	2	台	2	4
砂水分离器	SLF320	2	台	7	14
厌氧池潜水搅拌机	QJD2.2×1400	4	台	5	20
氧化沟水下推进器	QJB11/6	12	台	4	48
倒伞形叶轮表面曝气机	DY325	6	台	5	30
周边传动吸泥机	ZBXN-45	2	台	25	50
混合搅拌机	JWH-310-1	2	台	3	6

名　　称	型　　号	数量	单位	单价/(万元/台)或(万元/套)	总价/万元
螺旋泵	LXB-900	4	台	5	20
污泥泵	SRP-1.5	6	台	5	30
带式一体化浓缩压滤机	DNYA	2	套	15	30
剩余污泥泵及配套	110QW110-15	4	台	4	16
加氯机	WT-V2000	1	台	1	1
管道及闸阀等配件		2	套	50	100
机修车间配套设备		2	套	25	50
合　　计					440

故设备费用预估为 440 万元。

$$直接费用=(1240+440)万元=1680万元$$

3）间接费

$$间接费=直接费×30\%=1680×30\%万元=504万元$$

4）第二部分费用

$$第二部分费用=直接费用×10\%=1680×10\%万元=168万元$$

5）工程预备费

$$工程预备费=(第一部分费用+第二部分费用)×10\%$$
$$=(1680+504+168)×10\%万元$$
$$=235.2万元$$

6）总投资

$$总投资=第一部分费用+第二部分费用+工程预备$$
$$=(1680+504+168+235.2)万元$$
$$=2587.2万元$$

2. 运行成本

1）动力费 E_1

污水处理厂设备配套电机功率见表8-11，工业用电按每千瓦0.6元计，则年耗电费用为

$$E_1=907.62×24×360×0.6×10^{-4}万元/a≈470.51万元/a$$

表 8-11　主要设备能耗计算

名　　称	单机功率/kW	使用数量/台	使用功率/kW
格栅除污机	1.5	2	3
污水提升泵	30	3	90
砂水分离器	0.37	1	0.37
螺旋输送机	1.1	2	2.2
潜水搅拌机	11	4	44
水下推进器	3	10	30
叶轮表面曝气机	55	6	330

续表

名　称	单机功率/kW	使用数量/台	使用功率/kW
周边传动吸泥机	4.4	3	13.2
混合搅拌机	4	2	8
螺旋泵	55	2	110
污泥泵	3	4	12
污泥回流泵	90	2	180
带式一体化浓缩压滤机	1.85	1	1.85
剩余污泥泵及配套	15	2	30
加氯机	53	1	53
合　计			907.62

2）工资福利费 E_2

职工定员 20 人，每个员工的平均年工资福利为 3.6 万元/a，则

$$E_2 = 20 \times 3.6 \text{ 万元}/a = 72 \text{ 万元}/a$$

3）折旧提成费 E_3

$$E_3 = S \times P（元/a）$$

式中，S——固定资产总值（基建总投资×固定资产形成率（90%））；

P——综合折旧提成率，包括基本折旧率与大修费率，一般采用 6.2%。

则

$$E_3 = (1680 + 235.2) \times 0.90 \times 0.062 \text{ 万元}/a \approx 106.87 \text{ 万元}/a$$

4）检修维护费 E_4

$$E_4 = S \times 1\% = (1680 + 235.2) \times 0.9 \times 0.01 \text{ 万元}/a \approx 17.24 \text{ 万元}/a$$

5）其他费用（包括行政管理费、辅助材料费）E_5

$$E_5 = (E_1 + E_2 + E_3 + E_4) \times 10\%$$
$$= (470.51 + 72 + 106.87 + 17.24) \times 10\% \text{ 万元}/a$$
$$\approx 66.66 \text{ 万元}/a$$

6）药剂费 E_6

液氯价格为 200 元/t，每天用量为 120×3/4kg＝90kg，则

$$E_6 = 200 \times 0.09 \times 360 \text{ 元}/a = 6480 \text{ 元}/a \approx 0.65 \text{ 万元}/a$$

7）单位污水处理成本（未计污泥处置费）

$$T = (E_1 + E_2 + E_3 + E_4 + E_5 + E_6) \div Q$$
$$= (470.51 + 72 + 106.87 + 17.24 + 66.66 + 0.65) \div$$
$$(26000 \times 360) \text{ 万元}/\text{m}^3 \approx 0.78 \times 10^{-4} \text{ 万元}/\text{m}^3$$
$$= 0.78 \text{ 元}/\text{m}^3$$

3. 社会环境效益

污水处理厂建成投入使用后，每年可削减排放 3036.8t COD_{Cr}、1613.3t BOD_5、2087.8t SS、322.66t 氨氮、37t 总磷，可减少大量的有机物及其他污染物排放，降低其对环境的污染和危害，切实保护和改善生态环境。

参 考 文 献

[1] 中华人民共和国环境保护部.中国环境统计年报(2015)[M].北京：中国环境出版社,2016.
[2] 中华人民共和国水利部. 2017 中国水资源公报[M]. 北京：水利水电出版社,2018.
[3] 中华人民共和国生态环境部. 2018 中国生态环境状况公报[Z]. 环境保护,2018(13)：70-74.
[4] 高廷耀,顾国维,周琪. 水污染控制工程(下)[M].4 版.北京：高等教育出版社,2015.
[5] 李秀芬. 水污染控制工程实践[M]. 北京：中国轻工业出版社,2012.
[6] 王春荣. 水污染控制工程课程设计及毕业设计[M]. 北京：化学工业出版社,2013.
[7] 彭党聪.水污染控制工程实践教程[M].北京：化学工业出版社,2011.
[8] 韩照祥.环境工程实验技术[M].南京：南京大学出版社,2006.
[9] 成官文,黄翔峰,朱宗强,等. 水污染控制工程实验教学指导书[M]. 北京：化学工业出版社,2013.
[10] 陈泽堂. 水污染控制工程实验[M]. 北京：化学工业出版社,2011.
[11] 吕松,牛艳.水污染控制工程实验[M].广州：华南理工大学出版社,2012.
[12] 郭正.水污染控制技术实验实训指导[M].北京：中国环境科学出版社,2007.
[13] 蔡建安,钟梅英,戴波.水环境工程的仿真实验[D].马鞍山：安徽工业大学,2008.
[14] 雷中方.环境工程学实验[M]. 北京：化学工业出版社,2007.
[15] 刘振学,王力,等.实验设计与数据处理[M].北京：化学工业出版社,2015.
[16] 阮文权.废水生物处理工程设计实例详解[M].北京：化学工业出版社,2006.
[17] 柴晓利,冯沧,党小庆.环境工程专业毕业设计指南[M].北京：化学工业出版社,2008.
[18] 黄江丽,施云芬.市政环境课程设计指导与案例[M].北京：化学工业出版社,2010.
[19] 金兆丰,余志荣,徐竞成,等.污水处理组合工艺及工程实例[M].北京：化学工业出版社,2003.
[20] 曾科. 污水处理厂设计与运行[M]. 北京：化学工业出版社,2011.
[21] 杨岳平.废水处理工程及实例分析[M].北京：化学工业出版社,2003.
[22] 杨松林.环境工程 CAD 技术应用及实例[M].北京：化学工业出版社,2005.
[23] 肖作义.水工程概预算与技术经济评价[M].北京：机械工业出版社,2011.